ISW Forschung und Praxis

Berichte aus dem Institut für Steuerungstechnik
der Werkzeugmaschinen und Fertigungseinrichtungen
der Universität Stuttgart

Herausgeber: Prof. Dr.-Ing. Dr. h.c. G. Pritschow

Band 103

Armin Horn

Optische Sensorik zur Bahnführung von Industrierobotern mit hohen Bahngeschwindigkeiten

Springer-Verlag
Berlin Heidelberg GmbH 1994

D 94

ISBN 978-3-540-58368-4   ISBN 978-3-662-09126-5 (eBook)
DOI 10.1007/978-3-662-09126-5

Gesamtherstellung: Druckerei Kuhnle, Esslingen
SPIN: 10478140   62/3020-543210

Geleitwort des Herausgebers

In der Reihe „ ISW Forschung und Praxis" wird fortlaufend über Forschungs-
ergebnisse des Instituts für Steuerungstechnik der Werkzeugmaschinen und
Fertigungseinrichtungen der Universität Stuttgart (ISW) berichtet, das sich in
vielfältiger Form mit der Weiterentwicklung des Systems Werkzeugmaschine
und anderer Fertigungseinrichtungen beschäftigt. Die Arbeiten dieses Instituts
konzentrieren sich im besonderen auf die Bereiche Numerische Steuerungen,
Prozeßrechnereinsatz in der Fertigung, Industrierobotertechnik sowie Meß-,
Regel- und Antriebssysteme, also auf die aktuellsten Bereiche der Fertigungstechnik. Dabei stehen Grundlagenforschung und anwenderorientierte
Entwicklung in einem stetigen Austausch, wodurch ein ständiger Technologie-
transfer zur Praxis sichergestellt wird.

Die Buchreihe erscheint in zwangloser Folge und stützt sich auf Berichte über
abgeschlossene Forschungsarbeiten und Dissertationen. Sie soll dem Inge-
nieur bei der Weiterbildung dienen und ihm Hilfestellungen zur Lösung spezifi-
scher Probleme geben. Für den Studierenden bietet sie eine Möglichkeit zur
Wissensvertiefung. Sie bleibt damit unter erweitertem Namen und neuer He-
ausgeberschaft unverändert in der bewährten Konzeption, die ihr der Gründer
des ISW, der leider allzu früh verstorbene Prof. Dr.-Ing. G. Stute, im Jahre 1972
gegeben hat.

Der Herausgeber dankt der Druckerei für die drucktechnische Betreuung und
dem Springer-Verlag für Aufnahme der Reihe in sein Lieferprogramm.

G. Pritschow

Vorwort

Die vorliegende Arbeit entstand während meiner Tätigkeit als wissenschaftlicher Mitarbeiter am Institut für Steuerungstechnik der Werkzeugmaschinen und Fertigungseinrichtungen der Universität Stuttgart.

Meinen herzlichen Dank spreche ich an dieser Stelle Herrn Prof. Dr.-Ing. Dr. h. c. G. Pritschow aus, dem Direktor des Instituts, der mir großen Freiraum zur selbständigen Verwirklichung eigener Ideen ließ, meine Arbeiten am Institut sehr wohlwollend unterstützt sowie den Hauptbericht übernommen hat.

Herrn Prof. Dr. H. Tiziani, Leiter des Instituts für technische Optik, danke ich für sein großes Engagement an dieser Forschungsarbeit sowie für die Erstellung des Mitberichtes.

Herrn Dr.-Ing. K.-H. Wurst danke ich für die sehr sorgfältige Durchsicht des Manuskriptes und seine inhaltlich wertvollen Vorschläge und Anregungen.

Herzlichst gedankt sei ebenfalls der Vielzahl von Kolleginnen und Kollegen sowie den Studenten, die mich bei den Untersuchungen unterstützt und zu zahlreichen fachlichen Diskussionen angeregt haben. Mein besonderer Dank gilt Herrn Dipl.-Ing. G. Hammann für die äußerst kollegiale Zusammenarbeit und sein Interesse an der Arbeit sowie meiner Familie für ihr Verständnis.

Wesentliche Teile dieser Forschungsarbeit wurden vom Bundesministerium für Forschung und Technologie gefördert.

Armin Horn

Inhaltsverzeichnis

Formelzeichen und Abkürzungen

Einige Formelzeichen und Abkürzungen, die nur an einer Stelle im Text vorkommen und dort erklärt sind, wurden nicht in dieses Verzeichnis aufgenommen.

Formelzeichen:

a_0	: Gegenstandsweite
a_0'	: Bildweite
bel	: Merkerfeld für fehlerhafte Zeilenschwerpunktsdaten
c_1, c_2	: Transformationskonstanten
c_3	: Transformationskonstante
c_x, c_y	: halbe Zeilen- und Spaltenanzahl eines CCD
d_x, d_y	: Stützstellenabstand eines Kalibrierpunktnetzes
d_1, d_2	: Differenzwerte zwischen Soll- und Istkontur
e_{Sehn}	: Sehnenfehler
F_{xmax}, F_{zmax}	: Interpolationsfehler einer bilinearen Interpolation
f	: Linsenbrennweite
f_B	: Bahnschleppabstand
G_A	: Ausgangsspannungsverstärkungsfaktor eines CCD
g	: Grauwertstufe eines CCD-Pixels
g_{max}	: maximaler Grauwert innerhalb einer CCD-Zeile
Δh	: Unschärfe
I	: Meßsignal
I_{Temp}	: Sollsignal (Template) eines Meßsignals I
J	: Strahlungsstärke
K	: Meßdatenfeld mit Konturgeometriedaten
K_V	: Geschwindigkeitsverstärkung
k	: Proportionalitätskonstante
M_z	: Anzahl der Zusatzsensorelemente
n_{Kon}	: x_k-Pixelkoordinate der Konturlage
p_x, p_y	: Pixeldimensionen in Zeilen- und Spaltenrichtung

Q	: photoelektrisch erzeugte Ladung einer CCD-Zelle
q	: CCD-Zeilenanzahl pro Zusatzsensorelement
v_B	: Bahngeschwindigkeit
R	: Bahnkrümmungsradius
R_{Min}	: minimaler Bahnkrümmungsradius
S	: Summe aller Grauwerte innerhalb einer CCD-Zeile
S_{max}, S_{min}	: maximale bzw. minimale Zeilengrauwertsumme
S_{opt}	: optimale Zeilengrauwertsumme
SWP	: Zeilenschwerpunktkoordinate
SY	: Produktsumme
s_v	: Sensorvorlauf
Δs	: Stützstellenabstand von Lagesollwerten
t	: Zeit
t_{Bel}	: Belichtungszeit
T_{ers}	: Ersatzzeit des Konturfolgesystems
T_{IPO}	: Interpolationszeit
T_{Mess}	: Konturmeßzeit
$T_{t,RC}$	: Steuerungstotzeit
T_{SA}	: Sensorabtastzeit
$T_{t,Sen}$	: Sensortotzeit
T_{SV}	: Signalverarbeitungszeit
U	: Ausgangsspannung einer CCD-Ausgangsstufe
u_z	: eine die Belichtung beschreibende Zustandsgröße
w	: Templatebreite
x_{CCD}	: Kamerakoordinate
$x_{CCDmin,max}$	: minimaler bzw. maximaler Wert der x_{CCD}-Koordinate
x_{grob}	: Schrittweite bei einer Extremwertanalyse
x_{ist}	: Istlage eines Industrieroboters im kartesischen Raum
x_k	: Zeilenadresse eines CCD
x_{kmax}	: Zeilenanzahl eines CCD

$x_{Min,ipo}$	: Lage des Minimums der KQF
x_s	: Sensorkoordinate
x_{Sen}	: sensorgestützt ermittelte, kartesische Sollbahnstützstelle
x_{smax}	: halber, lateraler Sensormeßbereich in x_s-Richtung
x_{Soll}	: Sollage eines Industrieroboters im kartesischen Raum
x_p	: x_k-Koordinate eines Punktes im Bildfenster
y_{CCD}	: Kamerakoordinate
$y_{CCDmin,max}$	: minimaler bzw. maximaler Wert der y_{CCD}-Koordinate
y_{gmax}	: Spaltenadresse des maximalen Zeilenvideowertes
y_k	: Spaltenadresse eines CCD
y_{kmax}	: Spaltenanzahl eines CCD
y_p	: y_k-Koordinate eines Punktes im Bildfenster
z_s	: Sensorkoordinate
α_{max}	: maximal zulässige Bahnrichtungsänderung
α	: Bahnrichtungsänderung
α_{Tr}	: Triangulationswinkel
β'	: optischer Abbildungsmaßstab
Δ_{SWP}	: Verschiebung des Zeilenschwerpunktes
φ	: Drehlage des Templates
Φ_{LD}	: Strahlungsleistung einer Laserdiode
Φ_{CCD}, Φ_z	: Strahlungsleistung am CCD bzw. Zusatzsensor
η	: Einheitskoordinate des $\xi\eta$-Einheitselements
η_{Ph}	: Wirkungsgrad der Photonen-Elektronen-Wandlung
λ_{Kon}	: Wellenlänge einer periodischen Bahnwelle
Ω	: Raumwinkel
τ	: Transmissionsfaktor
σ_{SWP}	: Streubreite des Zeilenschwerpunktes
$\dot{\omega}_{zmax}$	: max. Winkelbeschleunigung (Zusatzachse)

ξ : Korrekturfaktor für Bahnschleppabstand,
Einheitskoordinate des $\xi\eta$-Einheitselements

Abkürzungen:

AGC : automatische Verstärkungsregelung ($\underline{A}$utomatic-$\underline{G}$ain-$\underline{C}$ontrol)

BV : $\underline{B}$ild$\underline{v}$erarbeitung

CCD : $\underline{C}$harge-$\underline{C}$oupled-$\underline{D}$evice

CID : $\underline{C}$harge-$\underline{I}$njection-$\underline{D}$evice

FIFO : $\underline{F}$irst-$\underline{I}$n, $\underline{F}$irst-$\underline{O}$ut

H_{sync} : Zeilensynchronisationssignal

KQF : $\underline{K}$reuzfunktion des quadratischen $\underline{F}$ehlers

KQF_M : modifizierte $\underline{K}$reuzfunktion des quadratischen $\underline{F}$ehlers

LD : $\underline{L}$aser$\underline{d}$iode

MOS : $\underline{M}$etal-$\underline{O}$xide-$\underline{S}$emiconductor

Pixel : Bildpunkt (Picture Element)

PSD : Positionsempfindlicher Detektor ($\underline{P}$osition-$\underline{S}$ensitive- $\underline{D}$etector)

RC : Industrierobotersteuerung ($\underline{R}$obot $\underline{C}$ontrol)

SDV : $\underline{S}$ensor$\underline{d}$aten$\underline{v}$erarbeitung

TCP : Werkzeugeingriffspunkt ($\underline{T}$ool-$\underline{C}$enter-$\underline{P}$oint)

TV : $\underline{T}$ele$\underline{V}$ision

V_{sync} : Bildsynchronisationssignal

1   Einleitung

1.1   Problemstellung

Eine Analyse des derzeitigen Robotereinsatzes in der Bundesrepublik Deutschland zeigt, daß die dominierenden Einsatzgebiete das Lichtbogenschweißen, sowie die Montage und Werkstückhandhabung sind /1/. Bahnorientierte Bearbeitungen in der Ebene und im Raum, wie das Entgraten, Kleberauftragen oder Sealen, werden trotz hoher Stückzahlen vorwiegend manuell durchgeführt.

Hier sind als wesentliche Hemmnisse für einen Robotereinsatz die aus wirtschaftlichen und technologischen Gründen geforderten hohen Bearbeitungsgeschwindigkeiten von teilweise mehr als 300 mm/s bei Bahngenauigkeiten im Bereich weniger Zehntelmillimeter (Tabelle 1.1) zu nennen. Außerdem ist die Programmierung räumlicher Bewegungsbahnen meist äußerst aufwendig und schwierig. Diese Bahnen, in der Praxis durch Teachen an einem Musterwerkstück bzw. off line gewonnen, müssen häufig aufgrund von Lage- und Formtoleranzen der zu bearbeitenden Teile werkstückindividuell adaptiert werden, um eine ausreichende Fertigungsqualität sicherzustellen. Darüberhinaus müssen bei off line programmierten Bahnen Abweichungen zwischen modellierter und realer Gerätetechnik kompensiert werden, um Bahnfehler zu vermeiden.

Diese Problematik sei am Beispiel des Entgratens von Dichtungsprofilen aus Gummi, die für Kfz-Türen und -Fenster bestimmt sind, näher erläutert. Gratausprägungen müssen derzeit mittels einer entlang der Dichtlippe manuell geführten Flamme abgebrannt werden. Eine Automatisierung dieser im Prinzip einfach durchzuführenden Bearbeitungsaufgabe ist naheliegend, da die eingesetzten Arbeitskräfte äußerst monoton belastet werden und hohe Stückzahlen vorliegen. Ein entsprechendes Robotersystem muß, um wirtschaftlich zu arbeiten, in der Lage sein, das Bearbeitungswerkzeug - hier eine Flamme - mit Bahngeschwindigkeiten von größer 200 mm/s und Bahngenauigkeiten kleiner 0,5 mm entlang der Dichtungslippe, deren räumliche Lage bedingt durch die Biegeschlaffheit undefiniert ist, zu führen.

Ähnliche Problemstellungen sind bei der Programmierung von Bewegungsbahnen für Laserbearbeitungen, wie das Laserstrahlschneiden, -schweißen oder neuerdings das Entgraten metallischer Werkstücke mit von Robotern geführtem Laserstrahl /2/, vorzufinden.

In der Prototypenfertigung beispielsweise ist die Erstellung von Bewegungsbahnen für Laserschneid- und -schweißaufgaben häufig mit einem erheblichen Aufwand verbunden, da in der Regel nicht auf rechnerinterne Werkstückdaten zurückgegriffen werden kann. Außerdem müssen Werkstücktoleranzern und teilweise auch Werkstückverformungen, die während eines Laserschneid- bzw. -schweißprozesses durch frei werdende Werkstoff-spannungen bzw. Wärmeverzug bedingt sind, durch eine Bahnkorrektur on line kompensiert werden.

Roboteranwendung	Bahngeschwindigkeit [mm/s]	Bahngenauigkeit [mm]
Kleberauftragen	> 500	< 0,8
Sealen	> 500	< 0,5
Entgraten von Kunststoffen	> 200	< 0,5
Laserschweißen	> 100	< 0,2
Laserschneiden	> 300	< 0,2

<u>Tabelle 1.1</u>:   Beispiele geforderter Bahngeschwindigkeiten und -genauigkeiten von bahn-orientierten Bearbeitungsaufgaben mit Industrierobotern /3, 4, 5, 6/

Zur Vereinfachung der Programmierung von Bewegungsbahnen, sowie zur Lösung der Bahnadaptionsproblematik on line nehmen Sensoren in der Industrierobotertechnik eine Schlüsselrolle ein. Ein neuerer Bereich in der Sensortechnik befaßt sich mit in der Roboterhand mitgeführten Bahnführungssensoren, die eine räumliche On-line-Bahn-führung eines Bearbeitungswerkzeuges ermöglichen. Insbesondere für das automatisierte Lichtbogenschweißen wurden zahlreiche Systeme zur Nahtverfolgung entwickelt /7, 8, 9, 10, 11, 12, 13/. Diese sind jedoch aufgrund ihrer zu geringen Meßrate für eine Bahnführung mit den hier geforderten, hohen Bahngeschwindigkeiten (Tabelle 1.1) nicht geeignet /14,15/. Die aus den hohen Meß- und Auswertezeiten resultierende geringe Dynamik des Roboter-Sensor-Systems, sowie fehlende Kenntnisse über das Zusammen-wirken der Sensorik mit der Steuerungs- und Regelungstechnik des Industrieroboters bei hohen Bahngeschwindigkeiten sind derzeit zentrale Probleme bei der Ausschöpfung des Automatisierungspotentials im Umfeld der aufgelisteten Bearbeitungsaufgaben.

1.2   Zielsetzung und Vorgehensweise

Die vorliegende Arbeit befaßt sich mit der Problemstellung "sensorgestützte On-line-Bahnführung von Industrierobotern bei hohen Bahngeschwindigkeiten (>300 mm/s)". Wesentliche Ziele sind die Konzeption eines optischen Sensorsystems zur schnellen Konturverfolgung sowie die Gewinnung von Erkenntnissen über die Einsatzgrenzen eines hiermit aufgebauten Konturverfolgungssystems als Basis für die in Tabelle 1.1 aufgezeigten, potentiellen Einsatzfelder.

Ausgehend vom gegenwärtigen Entwicklungsstand der sensorgestützten Konturverfolgung werden nach einer Ableitung der sensorseitigen Anforderungen die zentralen Probleme verfügbarer Sensormeßprinzipien hinsichtlich einer robusten Konturerfassung und -auswertung mit hohen Meßraten erläutert und notwendige Weiterentwicklungen herausgearbeitet.

Einen großen Raum nehmen dann Untersuchungen zur Ermittlung der erreichbaren Bahngeschwindigkeiten und -genauigkeiten beim Einsatz einer vorlaufenden Lichtschnittsensorik zur Bahnführung in Abhängigkeit relevanter Systemparameter ein.

Weitere Abschnitte befassen sich, aufbauend auf den bekannten Grundlagen zum Lichtschnittverfahren /16/, mit der Erhöhung der Meßdynamik und Störsicherheit dieses Meßprinzips, sowie mit Strategien zur schnellen Sensorsignalverarbeitung im mehrdimensionalen Merkmalsraum. Ein Schwerpunkt bildet hierbei die Untersuchung und Entwicklung echtzeitfähiger und für beliebige Werkstückkonturen einfach konfigurierbarer Algorithmen für einen Soll/Istkonturvergleich in drei Freiheitsgraden.

Am Beispiel einer Systemrealisierung wird abschließend die erreichbare Bahngeschwindigkeit und -genauigkeit experimentell ermittelt und es wird aufgezeigt, daß die diesbezüglich gestellten Anforderungen (Tabelle 1.1) erfüllt werden können.

Die Einsatzflexibilität der erstellten Sensorsystemkomponenten wird durch den Aufbau eines Laserbearbeitungswerkzeuges mit integrierter Sensorik und einer Stellachse zur Meßbereichsnachführung demonstriert.

2 Konzepte zur sensorgestützten Konturverfolgung mit Industrierobotern

2.1 Begriffsbestimmungen und Gründe für den Sensoreinsatz

Sensoren nehmen in der Industrierobotertechnik eine Schlüsselrolle ein zur Erschließung komplexer Bearbeitungsaufgaben. Sie dienen zur Erfassung von Prozeß- oder Zustandsdaten bzw. zur Erfassung physikalischer Eigenschaften von Objekten, mit oder an denen fertigungstechnische Operationen durchgeführt werden sollen. Im klassischen Sinne versteht man unter einem Sensor einen Wandler physikalischer Größen in elektrische Signale, welche in einer nachgeschalteten bzw. integrierten Einheit zu analogen oder digitalen Meßwerten aufbereitet werden /17/ (s. Bild 2.1).

Komplexe Sensoren, wie beispielsweise mehrdimensionale Kraft-Momentensensoren oder Bildwandler verfügen über eine eigene Signalverarbeitungseinheit auf Mikrorechnerbasis. Für solche Kombinationen hat sich im technischen Sprachgebrauch der Industrierobotertechnik der Begriff Sensorsystem durchgesetzt /17/. Abweichend vom rein meßtechnischen Verständnis schließt dieser Begriff auch alle erforderlichen peripheren Komponenten, wie beispielsweise Beleuchtungseinrichtungen oder motorische Stellachsen, mit ein. Werden mehrere Sensoren oder auch Sensorsysteme mit einer übergeordneten Einheit verknüpft, so spricht man von einem Multisensorsystem /18/.

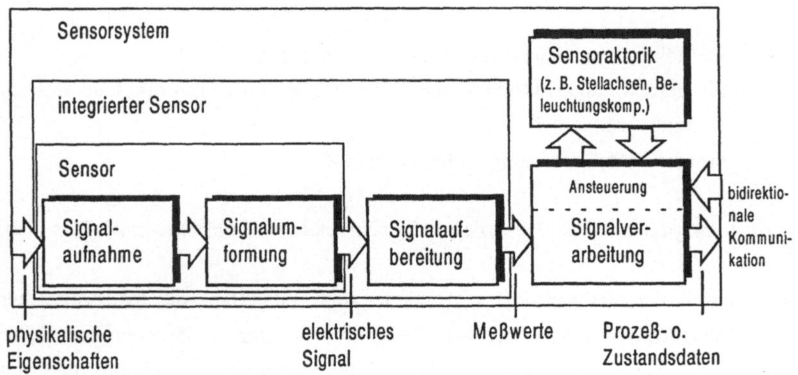

Bild 2.1: Struktur eines Sensorsystems

Man unterscheidet in der Industrierobotertechnik zwischen roboterinternen und -externen Sensoren /17/. Interne Sensoren erfassen roboterspezifische Daten wie beispielsweise Gelenkwinkel. Sie werden hier nicht näher betrachtet. Roboterexterne Sensoren stellen den Bezug des Industrieroboters zu seiner Außenwelt her.

Die wichtigsten Gründe für einen Sensoreinsatz sind:

- die Vereinfachung der direkten Programmierung vorort am Werkstück /19/,
- die Auflösung von Unsicherheiten, die innerhalb eines Bearbeitungsvorganges zu unzulässig hohen Bearbeitungsfehlern am Werkstück führen /17/.

Unter Unsicherheiten sind hierbei zu verstehen:

- Lage- und Formtoleranzen der zu bearbeitenden Teile,
- Modellfehler eines Off-line-Programmiersystem,
- unzureichende Bahn- bzw. Positioniergenauigkeiten des Industrieroboters.

Ein häufig kennzeichnendes Merkmal der vorgestellten Bearbeitungsaufgaben ist, daß ein Werkzeug mit definierter Lage und Orientierung entlang markanter Werkstückkonturen geführt werden muß. Diese Aufgabe übernehmen Bahnführungssensoren (Bild 2.2a). Eine kontinuierliche, sensordatengestützte Bewegungsbeeinflussung eines robotergestützten Bearbeitungswerkzeuges erfordert die Erfassung von bis zu sechs Korrekturdimensionen /13/:

- die Höhe und seitliche Abweichung des Werkzeuges,
- die Geschwindigkeitskomponente in Vorschubrichtung (als dritte translatorische Korrekturgröße) und
- die räumliche Orientierung (3 Freiheitsgrade).

Bei rotationssymmetrischem Werkzeug entfällt ein rotatorischer Freiheitsgrad (Bild 2.2b).

Man unterscheidet zwischen ortsfest montierten und in der Hand des Industrieroboters mitgeführten Sensorsystemen. Ortsfeste Systeme sind aufgrund ihrer eingeschränkten Zugänglichkeit bei der Erfassung räumlicher Werkstückgeometrien (Abschattungsproblematik) und ihres begrenzten Verhältnisses von Meßbereich zu Auflösung nur bedingt brauchbar /13/. Sie werden deshalb in dieser Arbeit nicht näher betrachtet.

Bild 2.3 zeigt eine Zusammenstellung von Werkstückkonturen, wie sie für die vorgestellten Bearbeitungsaufgaben typisch sind. Im erweiterten Sinne können unter dem Begriff "Werkstückkontur" nicht nur geometrisch markant verlaufende Merkmale, sondern auch markant verlaufende Reflexionseigenschaften einer Werkstückoberfläche, wie beispielsweise eine aufgebrachte Markierungslinie, verstanden werden.

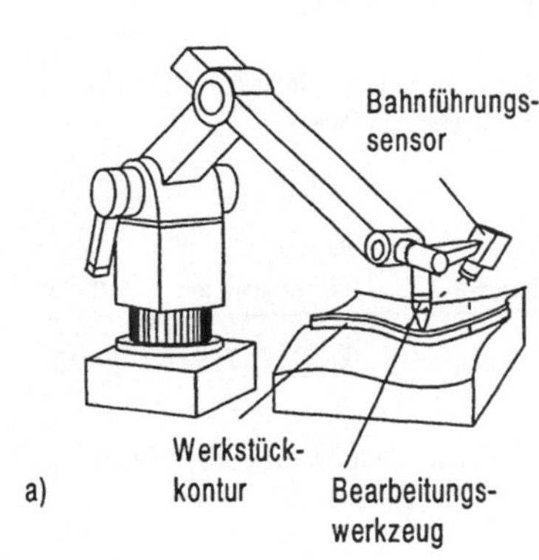

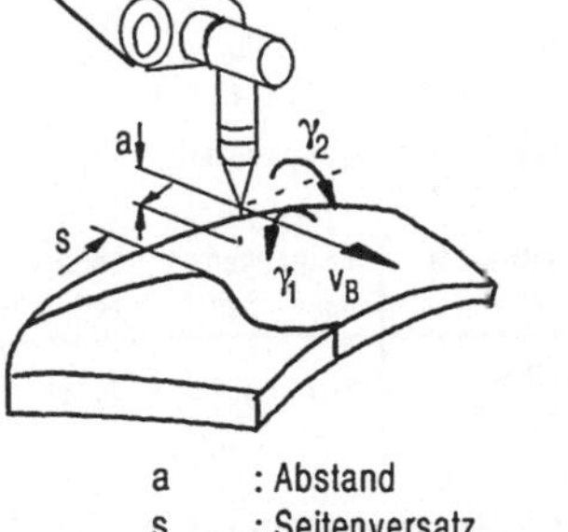

<u>Bild 2.2:</u>   a) In der Roboterhand   b) Korrekturdimensionen bei rotations-
          geführter Bahnführungssensor   symmetrischem Werkzeug

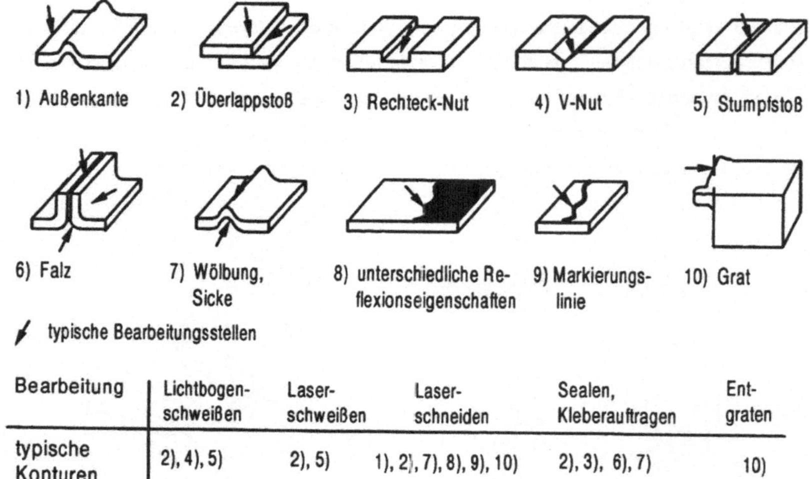

Bearbeitung	Lichtbogen-schweißen	Laser-schweißen	Laser-schneiden	Sealen, Kleberauftragen	Ent-graten
typische Konturen	2), 4), 5)	2), 5)	1), 2), 7), 8), 9), 10)	2), 3), 6), 7)	10)

<u>Bild 2.3</u>: Beispiele typischer Werkstückkonturen und ihr bearbeitungsspezifisches Auftreten bei bahnorientierten Roboterbearbeitungen

Zur sensorgestützten Bahnführung wird mit den Komponenten Robotersteuerung (RC), Industrieroboter und Sensorsystem eine Regelkreisstruktur aufgebaut (Bild 2.4). Da kraftschlüssige Roboterbearbeitungen hier nicht relevant sind, werden Regelkreisstrukturen, die sich für Kraftregelungen bzw. hybride Kraft-Positions-Regelungen von Industrierobotern eignen /20, 21/, nicht weiter betrachtet.

Die Sensorführung basiert auf einer bahnbegleitenden Sensordatenverarbeitung (SDV), welche zyklisch Korrekturwerte zur vorprogrammierten Bewegungsbahn ermittelt. Eine Bewegungsbahn kann auch ausschließlich aus Sensordaten generiert werden. Die SDV kann je nach steuerungs- bzw. sensorseitig verfügbaren Sensorfunktionen in der Robotersteuerung, im Sensorrechner oder partiell in beiden Systemen realisiert sein.

Ihre typischen Aufgaben sind

- die Transformation von Sensordaten von sensorspezifischen Koordinaten in das Roboterbezugskoordinatensystem,
- die Berechnung von Bahnkorrekturwerten,
- die automatische Bahnabspeicherung und eventuell Durchführung einer Datenreduktion /19/,

- Überwachungsfunktionen,
- die On-line-Qualitätsbeurteilung einer Bearbeitung,
- die Berücksichtigung stellungsabhängiger Störgrößen,
- die sensordatengesteuerte Beeinflussung des Programmablaufs, (z. B. Störmanagement),
- die Meßdatenauswertung und -aufzeichnung bei der Durchführung von Meßaufgaben mit dem Industrieroboter,
- die Werkstückgeometrieerfassung durch Verknüpfung der Sensordaten mit den zugehörigen Roboteristpositionen und
- statistische Auswertungen.

Aus der Literatur sind unterschiedliche Strategien zur sensorgestützten On-line-Bahnführung bekannt /8, 19, 22, 23/. Diese müssen hier insbesondere hinsichtlich ihres Verhaltens und ihrer Eigenschaften bei hohen Bahngeschwindigkeiten betrachtet werden.

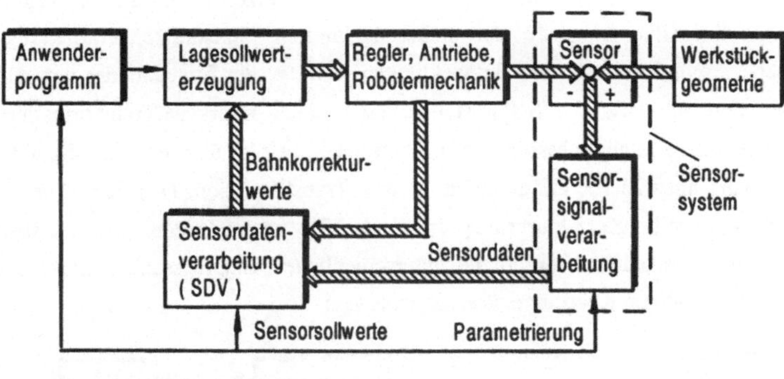

<u>Bild 2.4</u>:   Funktionsblöcke einer sensorgestützten Bahnführung

2.2   Analyse bekannter Sensorführungen für Industrieroboter

2.2.1   Steuerungsschnittstellen zur Verarbeitung von Sensordaten

Moderne Robotersteuerungen verfügen über analoge und digitale Schnittstellen zur Ankopplung von Sensoren. Die Vielzahl unterschiedlicher Sensorsysteme, bei denen zum

Teil große Datenmengen meist bidirektional zu einer Steuerung übertragen werden müssen, sowie deren zunehmende Bedeutung bei Roboterapplikationen, führten zur Standardisierung einer digitalen, seriellen Sensorschnittstelle /24/. Das dort für zukünftige Steuerungsgenerationen erarbeitete Konzept weist u. a. spezielle, an die Manufacturing Message Specification (MMS) /25/ angelehnte Kommunikationsdienste für eine schnelle, zyklische Datenübertragung zwischen Sensor- und Steuerungssystem mit Antwortzeiten im ms-Bereich auf.

Bild 2.5 zeigt Schnittstellen, die eine Einbeziehung geometriebezogener Sensordaten zur On-line-Bahnführung von Industrierobotern ermöglichen. Bei der Schnittstelle a) erfolgt die Bahnadaption bereits im Bahninterpolator, indem die Lagezielwerte der kartesischen Bahninterpolation korrigiert werden. Bei Verwendung der Schnittstelle b) werden Bahn-korrekturdaten den kartesischen Führungsgrößen am Ausgang des kartesischen Bahnin-terpolators aufgeschaltet. Diese Schnittstelle arbeitet im Interpolatonstakt T_{IPO} der Industrierobotersteuerung (derzeit 10-30 ms). Um die Taktzeiten und die teilweise auch erheblichen Totzeiten innerhalb der steuerungsinternen Sensordatenverarbeitung zu reduzieren, ermöglichen neuere Entwicklungen bereits die Einrechnung von Bahn-korrekturdaten auf Achsebene (Schnittstelle c) /26/. Die erforderliche Transformation der Sensorkorrekturwerte auf achsspezifische Koordinaten erfolgt über eine um die aktuelle Arbeitsstellung linearisierte, differentielle, inverse Transformation. Den Schnittstellen b) und c) liegt dasselbe Korrekturprinzip zugrunde. Sie unterscheiden sich aus system-theoretischer Sicht lediglich durch die unterschiedlichen Eingriffsstellen und die ent-sprechend notwendigen Koordinatentransformationen.

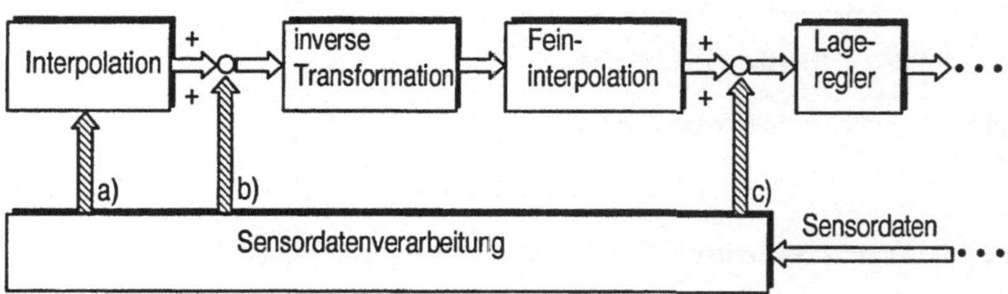

<u>Bild 2.5</u> : Derzeitige RC-Softwareschnittstellen zur On-line-Sensorführung von Indu-strierobotern mittels geometriebezogener Sensorsignale

- 23 -

2.2.2 Konventionelle Sensorregelkreise

In /19/ wird zur Bahnführung von Industrierobotern ein Sensorregelkreis eingeführt, welcher auf einer Rückkopplung der sensorgestützt erfaßten Bahnabweichungen mittels einer zusätzlichen, um die Lageregelkreise aufgebauten Regelkaskade beruht. Dieses häufig eingesetzte Bahnadaptionsprinzip sei als konventioneller Sensorregelkreis bezeichnet.

Untersuchungen zum dynamischen Verhalten solcher Strukturen ergaben, daß bei konventionell angetriebenen Roboterachsen eine äußerst geringe Regelbandbreite von nur wenigen (1-3) Hz vorliegt /27, 28/. Als Ursachen wurden die relativ hohen Signalverarbeitungszeiten derzeitiger Sensorsysteme und Industrierobotersteuerungen /27/ sowie die relativ geringen Werte für die einstellbare Geschwindigkeitsverstärkung konventionell angetriebener Roboterachsen /28/ ermittelt. In /28/ wird außerdem nachgewiesen, daß ein derartiger Sensorregelkreis im Falle von Richtungsabweichungen zwischen programmierter und tatsächlicher Bahn prinzipbedingt einen Bahnfehler aufweist, der im stationären Fall proportional zur Bahngeschwindigkeit, der Zeitkonstante des I-Anteils des Sensorreglers und dem Tangens der Richtungsabweichung ist (Bild 2.8). Diese Regelkreisstruktur ist daher für hohe Bahngeschwindigkeiten ungeeignet, da nur extrem kleine Richtungsabweichungen bzw. nur niederfrequente Bahnstörungen kompensiert werden können /29/.

2.2.3 Gesteuerte Bahnführung mit vorlaufendem Sensor

Aus dem Bereich des automatisierten Lichtbogenschweißens ist eine gegenüber dem Werkzeugeingriffspunkt (Tool-Center-Point, TCP) vorlaufende Sensoranordnung bekannt (Bild 2.6) /8, 9, 13, 22/. Die Gründe für den Sensorvorlauf sind die begrenzte Meßzugänglichkeit der eingesetzten Sensorik am Bearbeitungsort, prozeßspezifische Randbedingungen (Lichtbogen), sowie die derzeit erheblichen sensor- und steuerungsinternen Totzeiten $T_{t,Sen}$ und $T_{t,RC}$, welche beim Messen im TCP zu erheblichen Reaktionsverzögerungen des Industrieroboters führen. Der Sensorvorlauf s_v ermöglicht eine Prädiktion des Bahnverlaufs der Werkstückkontur. Dieser ergibt sich aus den Sensordaten, der Sensoranordnung in der Roboterhand und der Roboterposition. Im Gegensatz zum Sensorregelkreis ist eine vorprogrammierte Bewegungsbahn nicht zwingend erforderlich, da Bahnfolgestützpunkte selbständig generiert werden können. Dies führt im praktischen Einsatz zu einer erheblichen Vereinfachung der Programmierung.

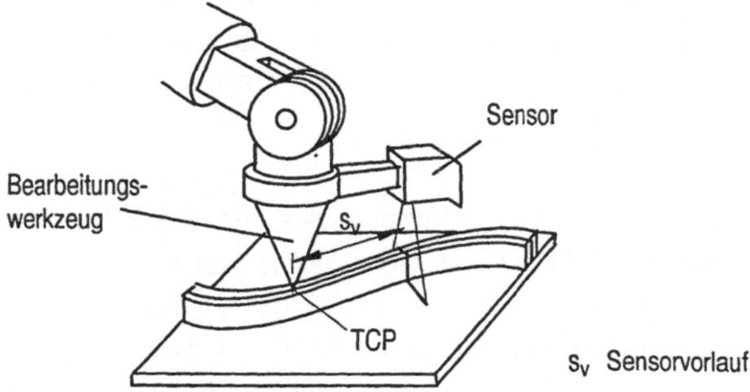

Bild 2.6: Vorlaufende Sensoranordnung am Effektor

Die Bahnführung basiert auf einer Lagesollwerterzeugung durch Interpolation zwischen den sensorgestützt erfaßten, zukünftigen, kartesischen Sollbahnstützstellen (Bild 2.7). Bekannte, steuerungstechnische Realisierungen basieren auf Schnittstelle b) oder c) (Bild 2.5) z. B. / 22, 30/, da diese vorwiegend von den Steuerungsherstellern offengelegt werden. Um Standardinterpolationsfunktionen des kartesischen Bahninterpolators der Steuerung einsetzen zu können, ist hingegen die Verwendung der Schnittstelle a) sinnvoller.

Der Bahninterpolator wird von einem als FIFO realisierten Bahnspeicher versorgt, welcher die Vorlaufstrecke zwischen Sensormeß- und aktuellem Lagesollwertpunkt über-brückt. Durch die Interpolation nimmt die Bahngeschwindigkeit im Gegensatz zum konventionellen Sensorregelkreis einen definierten Wert ein. Hinsichtlich der Problematik, die sich bei der Interpolation einer nicht analytisch beschreibbaren Sollbahn ergibt, sei auf die Arbeiten /30, 31, 32/ verwiesen. Wichtig ist insbesondere eine Lagesollwert-erzeugung, die gewährleistet, daß die Robotermechanik nicht zu Schwingungen angeregt wird. Dies erfordert eine Berücksichtigung der Ruck-, Beschleunigungs- und Geschwin-digkeitsbegrenzungen der einzelnen Roboterachsen.

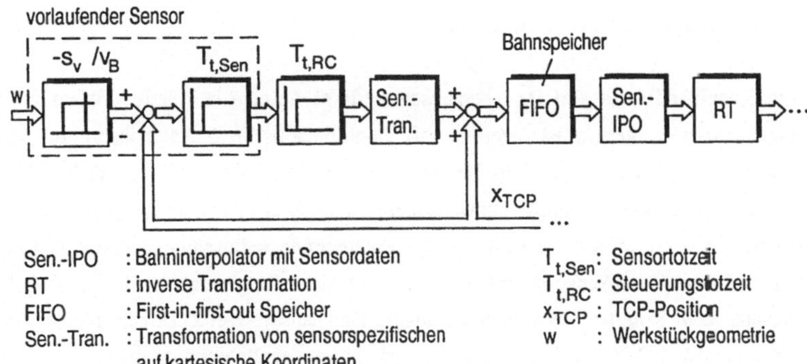

Sen.-IPO : Bahninterpolator mit Sensordaten

RT : inverse Transformation

FIFO : First-in-first-out Speicher

Sen.-Tran. : Transformation von sensorspezifischen auf kartesische Koordinaten

$T_{t,Sen}$: Sensortotzeit

$T_{t,RC}$: Steuerungstotzeit

x_{TCP} : TCP-Position

w : Werkstückgeometrie

<u>Bild 2.7</u>: Struktur einer Sensorführung mit vorlaufendem Sensor und lokaler Bahnplanung

Systemtechnisch betrachtet stellt diese Bahnführung eine Steuerung dar, da die tatsächliche TCP-Position nicht rückgekoppelt wird. Verglichen mit einem konventionellen Sensorregelkreis entfällt der dort erforderliche, bandbegrenzende I-Regler bzw. I-Anteil des Sensorreglers, so daß die volle Regelbandbreite der Lageregelkreise zur Verfügung steht.

Eine derzeitige Schwachstelle der Bahnplanung mit vorlaufendem Sensor bildet die zum Lageregeltakt der Steuerung asynchrone Arbeitsweise der Bahnführungssensorik. Dies führt insbesondere bei hohen Bahngeschwindigkeiten zu Bahnfehlern bei der Bestimmung des kartesischen Bahnverlaufs. Eine weitere, sich bei hohen Bahngeschwindigkeiten auswirkende Fehlerquelle derzeitiger Realisierungen wird durch die Wahl der Lagewerte des Industrieroboters hervorgerufen: Werden die Lagesollwerte anstelle der Lageistwerte zur Bestimmung des kartesischen Bahnverlaufs herangezogen /22/, so bleiben Schleppabstände der Achsen unberücksichtigt; wird hingegen die Roboteristposition aus der aktuellen Stellgröße mit Hilfe eines Systemdynamikmodells ermittelt /23/, so wirken sich die in der Praxis immer vorhandenen Abweichungen zwischen modellierter und realer Systemdynamik als Bahnfehler in der Sollbahn aus.

2.2.4 Hochdynamische Zusatzachsen

Da die Regelbandbreite von Roboterachsen bedingt durch die relativ großen zu be-
wegenden Massen gering ist, werden oft hochdynamische Zusatzachsen auf Basis
elektrischer oder hydraulischer Antriebe als Alternative zur Überwindung der begrenzten
Dynamik konventioneller Sensor- bzw. Lageregelkreise eingesetzt. Zur Aufteilung von
Bewegungskorrekturen auf die in der Regel entstehende redundante Kinematik wird in
/33/ eine Filterung des Sensorsignals in hoch- und niederfrequente Anteile zur Regelung
der Zusatz- bzw. Roboterachsen vorgeschlagen. Der Einsatz von Zusatzachsen ist jedoch
insbesondere für 3D-Bahnführungen mit einem hohen gerätetechnischen Aufwand verbunden, da pro Freiheitsgrad in der Bewegungskorrektur eine Stellachse erforderlich ist.

2.2.5 Bewertung der Bahnführungsstrategien

Simulative Untersuchungen zum Bahnverhalten von Sensorführungen zeigen, daß die
Bahnplanung mit vorlaufendem Sensor im Vergleich zum konventionellen Sensorregelkreis bei hohen Bahngeschwindigkeiten zu einer deutlich höheren Bahntreue führt
(Bild 2.8) /34/. Dies ist letztendlich darauf zurückzuführen, daß bei der Bahnplanung mit
vorlaufendem Sensor die Bahnführung gesteuert erfolgt.

Dies bedeutet für das gesteckte Ziel "schnelle Konturverfolgung" dieser Arbeit, daß sich
eine gesteuerte Bahnführung mit vorlaufendem Sensor und lokaler Bahnplanung grundsätzlich besser eignet als eine Regelkreisstruktur. Diese Feststellung ist prinzipiell unabhängig davon, ob eine Bewegungskorrektur mit oder ohne Zusatzachsen erfolgt. Die
Konturverfolgungsaufgabe untergliedert sich beim vorlaufenden Sensor in die prädiktive
Erfassung des vorliegenden Konturverlaufs und unabhängig davon in das Abfahren dieser
Bahn. Die eingesetzte Gerätetechnik muß grundsätzlich in der Lage sein, die Sollbahn mit
der geforderten Bahngenauigkeit und -geschwindigkeit abfahren zu können. Dies kann je
nach verfügbarer Dynamik der Roboterachsen mit oder ohne Zusatzachsen erfolgen.

Zusatzachsen sind jedoch aufgrund des hohen gerätetechnischen Aufwandes in der Praxis
nur dann brauchbar, wenn die erforderliche Korrekturbewegung auf wenige Achsen beschränkt bleibt (z. B. eine Achse zur Fokuslageregelung eines Laserstrahls). Werden
mehrere Zusatzachsen zur Bahnkorrektur eingesetzt, so ist neben dem hohen
Realisierungsaufwand zu beachten, daß deren Dynamik durch die Lage der einzelnen

Antriebssysteme in der zusätzlichen, kinematischen Kette reduziert wird, wie es auch bei den Bewegungsachsen des Industrieroboters der Fall ist.

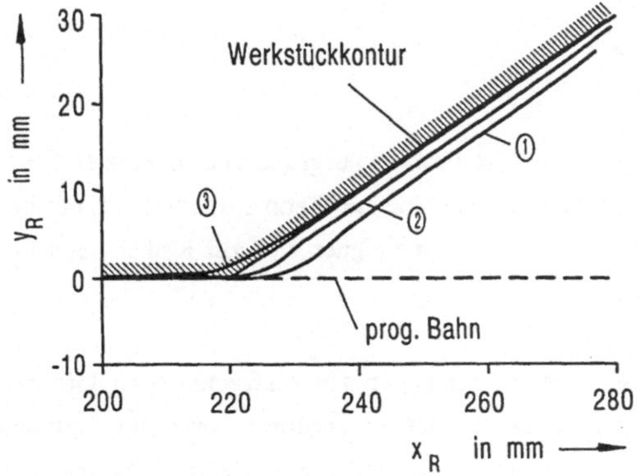

Bild 2.8: Bahnverhalten eines konventionellen Sensorregelkreises nach /19/ und einer Bahnplanung mit vorlaufendem Sensor im Vergleich (T_N = Nachstellzeit, K_p= Proportionalanteil des Sensorreglers)

Weitere Untersuchungen konzentrieren sich deshalb auf eine Bahnführung mit vorlaufendem Sensor und hier speziell auf die Teilaufgabe "sensorgestützte Sollbahngenerierung".

2.3   Optische Sensorik zur 3D-Bahnführung

2.3.1   Abgrenzung zu nichtoptischen Meßprinzipien

Bei der Klassifizierung von Sensoren nach dem physikalischen Aufnahmeprinzip kann zwischen taktilen und berührungslos arbeitenden Systemen unterschieden werden /17/. Taktile Sensoren zur Geometrieerfassung tasten das Meßobjekt mittels eines Taststiftes ab. Sie eignen sich zur Bahnverfolgung nur bei weitgehend geradlinigen Konturverläufen /8/. Ihre Nachteile sind vor allem in ihrem hohen mechanischen Verschleiß und in der Beschädigung der Meßoberfläche zu sehen.

Berührungslos messende Sensoren arbeiten:

- pneumatisch,
- akustisch,
- kapazitiv,
- induktiv oder
- optisch.

Pneumatische, akustische und kapazitive Sensoren weisen aufgrund ihrer integralen Meßwirkung einen geringen Informationsgehalt auf und sind zur Geometrieerfassung mit hoher lateraler Auflösung ungeeignet. Induktive Sensoren eignen sich zur Kanten- und Fugendetektion nur in Spezialfällen /8/.

Optische Meßverfahren, unter denen man Einrichtungen zur meßtechnischen Informationsgewinnung mittels eines Strahlungsdetektors, der die emittierte, optische Strahlung eines Meßobjektes erfaßt, versteht /17/, haben in der Industrierobotertechnik folgende wesentliche Vorteile:

- die berührungsfreie Messung,
- das gute Verhältnis von Auflösung zu Meßbereich sowohl in longitudinaler als auch lateraler Richtung,
- die Möglichkeit einer 3D-Objektvermessung und
- der hohe Informationsgehalt der Meßsignale.

Als Nachteile müssen genannt werden:

- die Verschmutzungsgefahr der optischen Komponenten in rauhen Industrieumgebungen,
- die hohe Empfindlichkeit gegenüber störendem Fremdlicht,
- die Abhängigkeit der Empfangssignale von den Reflexionseigenschaften der Meßoberfläche und damit auch von deren Verschmutzungszustand sowie
- der relativ hohe Aufwand für die Signalverarbeitung insbesondere bei bildverarbeitenden Systemen.

2.3.2 Klassifikation optischer Bahnführungssensoren

Optische Bahnführungssysteme zur Konturverfolgung lassen sich nach Meßprinzip und Abtastvorgang am Werkstück klassifizieren (Bild 2.9). Die Ermittlung der Konturlage erfolgt durch Auswerten konturspezifischer Merkmale in den Sensormeßsignalen, welche physikalisch entweder Geometrie- oder Strahlungsintensitätsdaten repräsentieren.

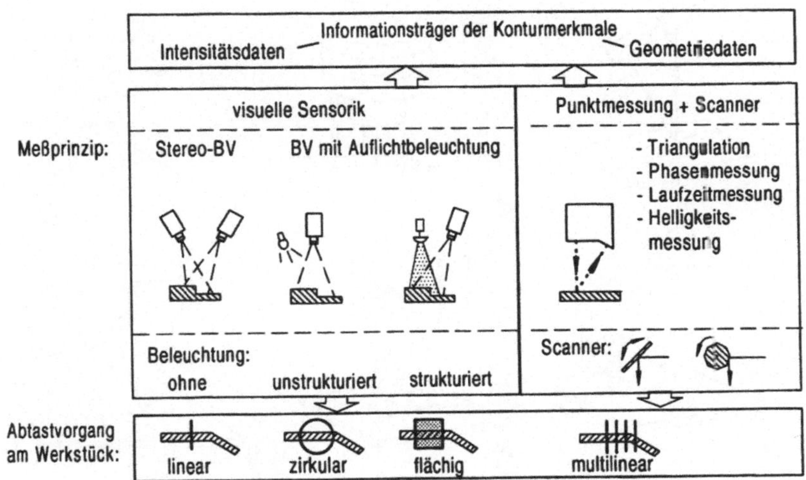

Bild 2.9: Klassifikation optischer Bahnführungssensoren (BV = Bildverarbeitung)

In Bild 2.10 sind einige bekannte Realisierungsbeispiele zusammengestellt. Ein Großteil dieser Systeme wurde für das automatisierte Lichtbogenschweißen konzipiert. Die Sensorik ist teilweise in die Schweißpistole integriert.

Die wichtigsten Funktionsmerkmale der vorgestellten Systeme sind in Tabelle 2.1 aufgeführt, wobei nur die für diese Arbeit relevanten Aspekte aufgenommen wurden. Die Systeme unterscheiden sich vorwiegend im Meßprinzip und der Art des Abtastens der Kontur. Die Konturabtastung erfolgt teilweise mit einem fokusierten, mechanisch bewegten Laserstrahl (Bild 2.10a, b, c, d, g), wobei in fast allen Fällen (Bild 2.10a, b, c, d) die Konturlage aus Entfernungsdaten, die nach dem Prinzip der aktiven Triangulation /41,86/ gewonnen werden, ermittelt wird.

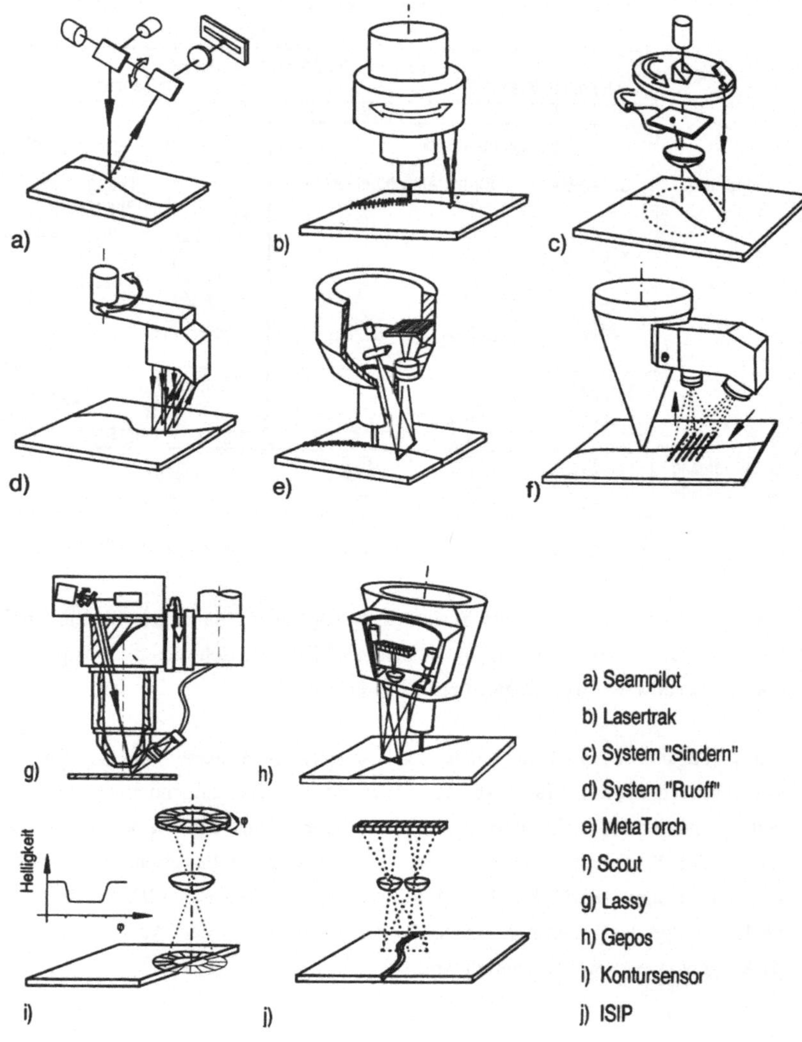

Bild 2.10: Optische Bahnführungssensoren für Industrieroboter

System	Meßprinzip	Einsatz-bereich	typ. Ab-tastzeit	Besonderheiten, Vor-und Nachteile
Seampilot /10/, Fa. Oldelft /NL, Bild. 2.10a)	translatorisch reversierend scannendeTriangulation	LBS	0.083 s (12 Hz)	identische Scanachse für Sende- und Empfangsstrahl
Lasertrak /11/ Fa. Asea /S, Bild. 2.10b)	rotatorisch reversierend scannendeTriangulation	LBS	0,5 s (2 Hz)	in einen Schweißbrenner integrierte Sensorik, eingebaute Drehachse zur Meßbereichsnachführung
System "Sindern" /13/ Univ. Dortmund /D, Bild. 2.10c)	rotierende Triangulation	LBS	0,5 s (2 Hz)	zweidimensionale Lateraleffektdiode zur Lage- u. Abstandsmessung, Scheimpfluganordnung nicht möglich (s. Abschn. 4.2)
System "Ruoff" /35/ Univ. Stuttgart /D, Bild. 2.10d)	rotatorisch reversierend scannende 4fach-Triangulation	KV	0,2-0,5 s (2-5 Hz)	4 , in einen Sensorkopf integrierte Triangulationssensoren zur Orientierungsmessung
MetaTorch /12/ Fa. MetaMachines /GB Bild. 2.10e)	Lichtschnittverfahren	LBS	0,076 s (13 Hz)	in einen Schweißbrenner integrierte Sensorik
Scout /36/ Fa. MBB /D, Bild. 2.10f)	Multilichtschnitt-verfahren	LS	0,02 s (50 Hz)	6 Signalprozessoren zur Bildauswertung, Signalverarbeitungszeit T_{SV}: 2-3 Videotakte
Lassy /37/ Univ. Aachen /D, Bild. 2.10g)	translatorisch reversierend scannende Abtastung mit Grauwertauswertung	LS	0,01 s (100 Hz)	in einen Laserbearbeitungskopf integrierte Sensorik, nur Seitenversatzmessung möglich bei kleinem Meßbereich (±2 mm)
Gepos /38/ Univ. Aachen /D, Bild. 2.10h)	Auflichtbeleuchtung mit Grauwertauswertung	LBS	0,066 s (15 Hz)	Abstands- u. Seitenversatzmessung erfordem ausgeprägte Reflexionsmerkmale der Werkstückkontur
Kontursensor /39/ Fa. Optromation /D, Bild. 2.10i)	Zirkular-Photodio-denarray u. Grau-wertauswertung	KV	-	nur Seitenversatz meßbar
ISIP /40/ Fa. igm /AU, Bild. 2.10j)	Stereoskopie mit Zellen-CCD	LBS	0,1-0,2 s (5-10 Hz)	ausgeprägte Reflexionsmerkmale der Werkstückkontur prinzipbedingt erforderlich (Korrespondenzproblematik)

<u>Tabelle 2.1</u>: Merkmale realisierter, optischer Bahnführungssensoren (LBS: Lichtbogenschweißen, LS: Laserschweißen, KV: Konturverfolgung ohne spezifizierten Einsatzbereich)

Das System "Lassy" /37/ wertet lediglich die reflektierte Lichtintensität zur Bestimmung des Seitenversatzes aus. Um zusätzlich Abstandsinformationen zu erhalten, muß dieses an den Triangulationsaufbau angelehnte System mit einem positionsempfindlichen Photodetektor ausgestattet werden.

Die mechanisch abtastenden Systeme scannen translatorisch oder rotatorisch bei jeweils reversierender oder nichtreversierender Scanbewegung (z. B. rotierende Achse). Der Vorteil einer um ein robotergeführtes Bearbeitungswerkzeug rotatorischen Abtastung besteht darin, beliebige Richtungsänderungen einer Kontur erfassen zu können, ohne daß eine Orientierungsänderung des Industrieroboters notwendig wird (vgl. z. B. Bild 2.10b mit e).

Die Meßzeit der entfernungsmessenden, punktuell abtastenden Systeme (Bild 2.10a, b, c, d) liegt bei ca. 1 - 2 ms pro Meßpunkt. Die Erfassung einer Kontur mit einer Breite von 10 mm beansprucht somit bei einer lateralen Abtastschrittweite von 0,1 mm eine Zeit von 0,1 - 0,2 s. Dies führt bei hohen Bahngeschwindigkeiten zu einem extrem verzerrten Abbild der Konturgeometrie (s. Kap. 2.3.3.2). Die oszillierende Scanbewegung beim System "Lassy" (Bild 2.10g) arbeitet zwar mit einer hohen Meßrate von 200 Hz, jedoch nur in einem äußerst geringen lateralen Meßbereich von ±2 mm.

Die Systeme ohne Scanmechanik (Bild 2.10e, f, h, i, j) basieren auf visuellen Sensoren, deren digitalisierte Bilddaten ausgewertet werden. Erfolgt die Bilderfassung ohne den Einsatz zusätzlicher Beleuchtungseinrichtungen und aus nur einer Blickrichtung, so ist der Rückschluß auf die Konturlage nur eingeschränkt und unter der Voraussetzung, daß im Grauwertbild konturspezifische, eindeutige Intensitätsvariationen auswertbar sind, möglich. Der Kontursensor der Fa. Optromation /40/ (Bild 2.10i) stellt für diese Klasse von Systemen ein Beispiel dar mit der Besonderheit eines aus zirkular angeordneten Photoelementen aufgebauten Bildwandlers. Dieses System ermöglicht eine Seitenversatzmessung, jedoch keine Entfernungsmessung.

Der Informationsgehalt der Bilddaten kann durch den Einsatz zusätzlicher Beleuchtungseinrichtungen erhöht werden. Hinsichtlich der Eigenschaften der in der Bildverarbeitung eingesetzten, unterschiedlichen Beleuchtungstechniken sei auf die einschlägige Literatur verwiesen /42/. Zur Erfassung der Lage von Werkstückkonturen eignen sich vor allem strukturierte oder unstrukturierte Auflichtverfahren. Eine Analyse darauf aufbauender Meßprinzipien erfolgt in Kap. 2.3.4.

Um den sensorseitigen Entwicklungsstand hinsichtlich der Problemstellung dieser Arbeit bewerten zu können, werden in Kap. 2.3.4 die spezifischen Anforderungen an ein System zur schnellen Konturerfassung erarbeitet sowie das Potential grundlegender Meßprinzipien analysiert.

2.3.3 Signalverarbeitungsstrategien zur Konturlagendetektion

Zu den Aufgaben der Signalverarbeitung zählt vor allem die zyklische Ermittlung der Werkstückkontur in ihrer Relativlage und eventuell auch -orientierung im sensorspezifischen Koordinatensystem sowie je nach Bearbeitungsaufgabe die Messung konturspezifischer Daten zur Adaption von Technologieparametern (z. B. beim Entgraten eine Anpassung der Vorschubgeschwindigkeit als Funktion des Gratvolumens). Die Signalverarbeitung kann untergliedert werden in die

- Signalvorverarbeitung,
- Konturlagenermittlung,
- Konturauswertung und die
- Kommunikation mit Peripheriekomponenten.

Typische Aufgaben der Signalvorverarbeitung sind

- die Reduktion von Störeinflüssen bei der Signalaufnahme,
- die Kompensation systematischer Meßfehler,
- die Überwachung von Grenzwerten,
- eine Datenreduktion zur Redundanzvermeidung.

Um die Konturlage aus einem Meßdatenfeld $K(x)$ zu ermitteln, wurden für die Systeme zur Schweißnahtverfolgung für eine ausgewählte Klasse typischer Konturformen (V-Naht, Nut, Überlappstoß...) konturspezifische Spezialalgorithmen entwickelt. Typische Suchverfahren zur Detektion von Kanten sind

- eine gewichtete Differenzbildung und die Suche des maximalen Gradienten in $K(x)$ /8/,
- eine digitale Korrelation mit der Sprungfunktion /9/,
- eine stückweise Geradenapproximation von $K(x)$ und Detektion von Abweichungen, die ein vorgegebenes Toleranzband überschreiten /35/.

Ein in /35/ verfolgter Ansatz zur Konturlageerkennung basiert auf einer Minimierung der mittleren Abweichungen zwischen Soll- und Istgeometrie. Der Vorteil dieses Matching-verfahrens besteht darin, daß weitgehend beliebige Sollkonturgeometrien erkennbar sind. Die sehr rechenintensive Auswertung ist jedoch bisher nur begrenzt echtzeittauglich /43/. Außerdem bleiben in /35/ Orientierungsschwankungen zwischen Soll- und Istkontur unberücksichtigt.

Für einige Meßaufgaben, wie z. B. die Erfassung einer linienförmigen Markierung auf einer Freiformfläche, ist eine kombinierte Auswertung von sowohl Grauwert- als auch Geometrieinformationen notwendig. Zeitoptimale Auswertealgorithmen für solche "hybride" Signalverarbeitungsaufgaben stehen derzeit nicht zur Verfügung. Dieser Mangel erstreckt sich auch auf Algorithmen, die einen schnellen Soll/Istkonturvergleich in mehreren Dimensionen mit Auflösungen im Subpixelbereich ermöglichen.

2.3.4 Anforderungen an eine Sensorik zur schnellen Konturverfolgung

2.3.4.1 Anforderungen aus der Sicht des Anwenders

Wesentliche Gesichtspunkte für einen praxisgerechten Einsatz optischer Bahnführungs-sensoren sind /9, 35/:

- eine hohe Störsicherheit des Meß- und Erkennungsprozesses in rauhen In-dustrieumgebungen,
- eine möglichst breite Einsetzbarkeit (keine Spezialsensoren für Spezialpro-bleme),
- die Möglichkeit, beliebige Konturformen zu erkennen,
- eine komfortable und anwenderfreundliche Bedienerführung,
- eine kompakte Bauform der Sensormeßeinheit (Zugänglichkeitsprobleme),
- ein geringes Gewicht der Sensormeßeinheit,
- eine ausreichende Meßrate und ein angepaßter Meßbereich,
- eine einfache Ankopplung an die Robotersteuerung sowie
- geringe Anschaffungs- und Betriebskosten.

Grundvoraussetzung ist eine hinreichende Robustheit gegenüber teilweise massiven ther-mischen, mechanischen, optischen oder elektromagnetischen Störeinflüssen. Extreme thermische Belastungen resultieren beispielsweise aus der Wärmestrahlung des Laserfokus bei Laserbearbeitungen bzw. des Lichtbogens beim Schweißen oder Brennschneiden. Auch mechanische Erschütterungen (Vibration, Stöße) sind in der Praxis unvermeidbar. Elektromechanische Roboterantriebe verursachen zusammen mit ihren Antriebsverstärkern meist hohe elektromagnetische Störfelder. Ganz besonders optische Störeinflüsse bereiten noch erhebliche Probleme im industriellen Einsatz. Hierzu zählen variierende Meßbedingungen wie beispielsweise unterschiedliche Reflexionseigenschaften der Werkstückoberflächen, bedingt durch Farbänderungen, Rost, Riefenstrukturen oder Verschmutzungen (Ölfilm, Staub), aber auch Fremdlichteinwirkungen wie z. B. Raumbeleuchtung, Sonneneinstrahlung, Funkenflug oder prozeßbedingtes Störlicht (Lichtbogen). Zusätzliche Schwierigkeiten ergeben sich durch die bearbeitungs- und umgebungsspezifischen Verschmutzungsgefahren der Meßoptik aufgrund von Staub, Dämpfen, Rauch oder eines Zerspanvorganges.

Die Anforderungen an den Meßbereich und die Meßunsicherheit resultieren aus der Geometrie der zu erfassenden Werkstückkonturen, den auftretenden Bahnabweichungen zwischen Werkzeug und Werkstück und der geforderten Bearbeitungsgenauigkeit. Orientiert man sich an den aufgezeigten, relevanten Einsatzmöglichkeiten (Tabelle 1.1), so wird deutlich, daß unterschiedliche Systemanforderungen vorliegen: Das Sealen und Kleberauftragen erfordert aufgrund der lateralen Ausdehnung der zu erkennenden Werkstückkonturen (Bild 2.3) einen lateralen Meßbereich von 20 - 30 mm bei einer Genauigkeit von ca. 0,5 mm. Laserbearbeitungen hingegen unterliegen einer höheren Genauigkeitsklasse. Beim Laserschweißen eines Stumpfstoßes muß beispielsweise der Laserfokus mit einer lateralen und longitudinalen Genauigkeit von ca. 0,1 mm dem Spalt entlang geführt werden, wobei die Spaltbreite gegen 0 gehend und 0,1 mm liegen kann. Ein vielseitig einsetzbares Systemkonzept muß deshalb eine flexible Konfigurierbarkeit der meßtechnischen Kenngrößen Meßbereich und -unsicherheit aufweisen.

Die Baugröße der Sensormeßeinheit und deren Anordnung am Robotergreifer, welche u. a. durch den Meßbereich bestimmt wird, begrenzen die Zugänglichkeit an beengten Bearbeitungsstellen und damit das mögliche Einsatzspektrum und den Automatisierungsgrad einer Bearbeitung. Die mitgeführte Sensormeßeinheit muß deshalb klein gegenüber dem Bearbeitungswerkzeug sein. Das Bauvolumen sollte einen Raum von ca. 50x50x50 mm^3 nicht überschreiten.

2.3.4.2 Erarbeitung der Anforderungen an die zeitlichen Kenngrößen eines Sensorsystems

Die Zielsetzung, hohe Bahngeschwindigkeiten bei einer Konturverfolgung zu erreichen, erfordert eine nähere Betrachtung der zeitlichen Kenngrößen eines Sensorsystems. Hierbei muß unterschieden werden zwischen der Sensormeßzeit T_{Mess}, der Sensorabtastzeit T_{SA} und der Sensortotzeit $T_{t,Sen}$. Die Sensormeßzeit beschreibt die benötigte Zeitspanne für die Meßwerterfassung einer vollständigen Kontur. Die Sensorabtastzeit kennzeichnet den Zeitverzug zwischen zwei Konturabtastungen. Die Sensortotzeit ergibt sich aus der Summe von Sensormeßzeit und der zur Verarbeitung der Meßwerte benötigten Signalverarbeitungszeit T_{SV}. Bild 2.11 verdeutlicht diese Verhältnisse für Systemarchitekturen, die eine sequentielle bzw. eine parallele Verarbeitungsstruktur aufweisen.

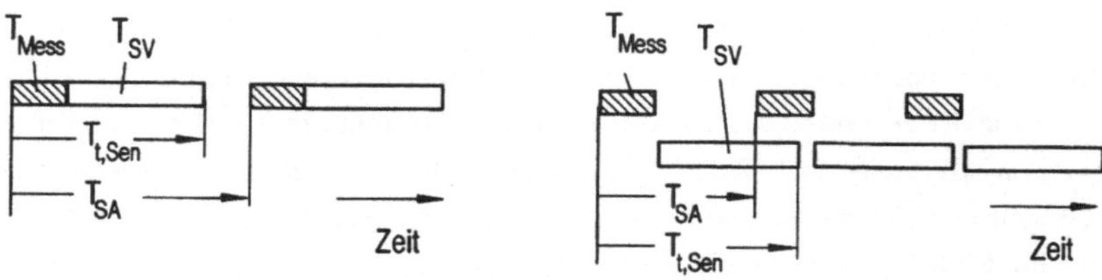

a) sequentielle Verarbeitungsstruktur

b) parallele Verarbeitungsstruktur

<u>Bild 2.11</u>: Zeitliche Verhältnisse bei sequentieller und paralleler Signalverarbeitungsstruktur.

1. Die Sensormeßzeit T_{Mess}

Die Sensormeßzeit T_{Mess} führt bei gleichzeitiger Vorschubbewegung des Sensors relativ zum Werkstück bei hoher Bahngeschwindigkeit zu geschwindigkeitsabhängig verzerrten Konturmeßwerten. Punktuell abtastende Systeme (s. z. B. Bild 2.12a) erfassen die Kontur bedingt durch die Bewegungsüberlagerung nicht mehr orthogonal zum Konturverlauf. Läßt man in Vorschubrichtung eine Wegstrecke von 10 - 20 % der Konturbreite zu, so ergeben sich bei $v_B = 300$ mm/s und einer Konturbreite von 10 mm eine als Richtgröße zu betrachtende maximale Meßzeit T_{Mess} von 3 - 6 ms. Sensormeßprinzipien, welche eine gleichzeitige Abtastung des gesamten Konturbereichs ermöglichen, haben eine Meßunschärfe Δh zur Folge, welche von der Richtungsänderung der Kontur innerhalb des Abtastweges $v_B T_{Mess}$ abhängt (s. Bild 2.12b). Realistische Zahlenwerte ($\Delta h \leq 0{,}1$ mm,

v_B = 300 mm/s, R = 20 mm) führen mit Gl. (2.1) auf eine zulässige Konturmeßzeit von maximal 6 ms.

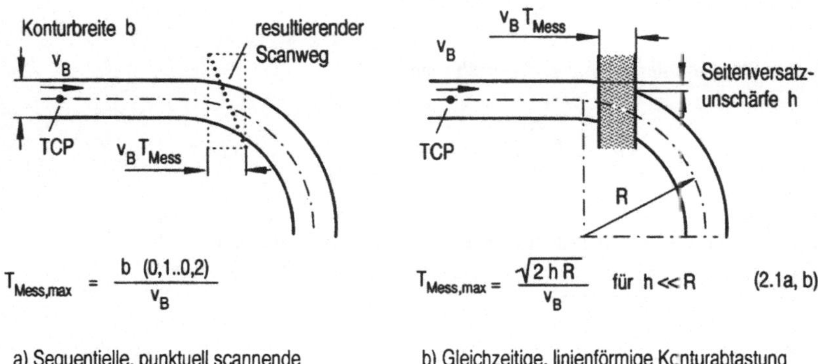

$$T_{Mess,max} = \frac{b \ (0,1..0,2)}{v_B}$$

$$T_{Mess,max} = \frac{\sqrt{2 h R}}{v_B} \quad \text{für } h \ll R \qquad (2.1a, b)$$

a) Sequentielle, punktuell scannende
   Konturabtastung

b) Gleichzeitige, linienförmige Konturabtastung

<u>Bild 2.12</u>: Einfluß von Meßzeiten auf die Konturerfassung

2. Die Sensorabtastzeit T_{SA}

Die Sensorabtastzeit T_{SA} begrenzt die zulässige "Bandbreite" des Bahnverlaufs. Nach dem Shannon'schen Abtasttheorem beträgt die maximal erfaßbare Wellenlänge λ_{Kon} eines periodischen Bahnverlaufs:

$$\lambda_{Kon} = 2 \ T_{SA} \ v_B \qquad (2.2)$$

Aus experimentellen Untersuchungen in der Regelungstechnik ist bekannt, daß die Abtastzeit gegenüber dem theoretischen Wert um einen Faktor 5 bis 20 geringer sein sollte /44/. Dies bedeutet, daß zur Erfassung einer Bahnwelle, die eine Periodenlänge von 80 mm aufweist, bei v_B = 300 mm/s Abtastzeiten von $T_{SA} \approx 7$ ms (Überabtastung mit Faktor 20), d. h. Meßraten von ca. 150 Hz erforderlich sind. Da bei der gesteuerten Bahnführung die Sensordaten im Interpolationstakt der Industrierobotersteuerung verarbeitet werden müssen, ist die maximal verarbeitbare Meß- bzw. Datenrate durch die Interpolationszeit T_{IPO} gegeben. Diese liegt derzeit bei modernen Steuerungsarchitekturen bei ca. 5 - 10 ms /45/.

Eine zeitdiskrete Abtastung gekrümmter Bahnen führt bei Verwendung linearer Interpolationsalgorithmen zu systematischen Bahnfehlern, die am Beispiel eines kreisförmigen Bahnsegments (Radius R) abgeleitet seien.

Für den Sehnenfehler (s. Bild 2.13) erhält man:

$$e_{Sehn} = R - \sqrt{R^2 - \frac{(v_B\,T_{SA})^2}{4}} \qquad (2.3)$$

Mit $e_{Sehn} \ll R$ ergibt sich nach einigen elementaren Umformungen

$$v_B\,T_{SA} \approx 2\,\sqrt{2\,R\,e_{Sehn}}\,, \qquad (2.4)$$

d. h. bei gegebenem, maximalen Sehnenfehler (Bahnfehler) ist die zulässige Bahngeschwindigkeit umgekehrt proportional zur Sensorabtastzeit. Die Größenverhältnisse zeigt Bild 2.13.

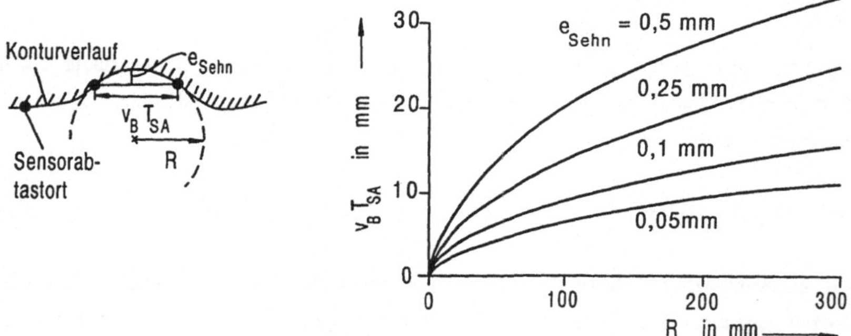

Bild 2.13: Sehnenfehler beim Abtasten eines kreisförmigen Konturverlaufs

3. Die Sensortotzeit $T_{t,Sen}$

Die Sensortotzeit $T_{t,Sen}$ muß betrachtet werden, da sie bei Systemen mit einer Pipelinestruktur und Parallelverarbeitung wesentlich höher als die Abtastzeit T_{SA} sein kann. Qualitativ gilt die Aussage, daß für einen kurzen Sensorvorlauf, der zur Verfolgung enger Krümmungsradien erforderlich ist /13/, die Sensortotzeit möglichst gering sein muß, d. h. in der Größenordnung der Steuerungsinterpolationszeit liegen sollte /29/. Eine quantitative Aussage zum Zusammenhang zwischen der Sensortotzeit und den damit erreichbaren Bahngeschwindigkeiten muß noch erarbeitet werden (s. Kap. 3).

Eine weitere, für eine hochgenaue Bahnadaption mit vorlaufendem Sensor wichtige Forderung bildet die Synchronisation zwischen dem Sensormeßtakt und der RC-internen Lageistwerterfassung. Ein Sensorsystem muß deshalb mit entsprechenden Synchronisationsmöglichkeiten (z. B. interruptfähige Meßwerterfassung) ausgestattet sein.

Die zeitlichen Anforderungen sind in Tabelle 2.2 nochmals zusammengestellt. Ein Vergleich mit den Kennwerten aus Tabelle 2.1 verdeutlicht, daß derzeit keines der verfügbaren Systeme diese Anforderungen für eine mehrdimensionale Konturlagenerfassung erfüllt. Das System "Lassy" ermöglicht zwar eine ausreichend hohe Meßrate, jedoch keine Entfernungsbestimmung.

Sensormeßzeit	T_{Mess}	≤ 6 ms
Sensorabtastzeit	T_{SA}	$\cong T_{IPO}$ **und** extern synchronisierbar
Sensortotzeit	$T_{t,Sen}$	$\cong T_{IPO}$

Tabelle 2.2: Zeitliche Anforderungen an ein Sensorsystem zur schnellen Konturverfolgung

2.3.5 Analyse des Potentials relevanter Sensormeßprinzipien zur schnellen Konturerfassung

2.3.5.1 Punktuell abtastende Meßverfahren

Ein punktuell abtastendes System zur Konturgeometrieerfassung besteht aus einer Entfernungsmeß- und einer Meßpunktablenkeinheit. Diese können getrennt analysiert werden. Zur absoluten Abstandsmessung kommen

– Impulslaufzeitverfahren /46/,

– Phasenmeßverfahren /47/,

– Fokusierverfahren /48/ und

– aktive Triangulationsverfahren /41/

in Frage. Eine in /35/ erfolgte Analyse zur Brauchbarkeit dieser Verfahren für Bahnführungssensoren führt zu der Erkenntnis, daß die aktive Triangulation entscheidende Vorteile hinsichtlich den realisierbaren Kenngrößen wie Meßbereich, Meßunsicherheit und Robustheit aufweist. Die derzeitige Gültigkeit dieser Erkenntnis wird auch durch neuere Forschungsresultate bestätigt. So liegen die erreichbaren absoluten Genauigkeiten beim Impulslaufzeitverfahren bei > 1 mm /46/; beim Phasenmeßverfahren können mit hohem Aufwand Auflösungen von 0,3 mm erzielt werden /49/. Für das letztere Verfahren wird in /47/ eine Streubreite der Entfernungswerte von ca. 1 mm erreicht. Außerdem wird eine prinzipbedingte starke Verschlechterung der Standardabweichung auf ca. 5 mm beim Abtasten von Kanten und Stufen festgestellt. Diese Verfahren sind deshalb abgesehen von ihrer zu hohen Meßzeit (> 1 ms pro Meßpunkt) von ihrer Meßunsicherheit her trotz des Vorteils, daß Sende- und Empfangsstrahl in einer Achse liegen, hier nicht brauchbar und werden deshalb nicht weiter betrachtet.

Der bei der aktiven Triangulation auf das Meßobjekt projizierte Laserpunkt kann mit einem positionsempfindlichen Detektor (PSD) oder einer Photodiodenzeile (z. B. ein Charge-Coupled-Device CCD) detektiert werden. Photodiodenzeilen können derzeit in ca. 0,05 ms ausgelesen werden (1024 Bildpunkte (Pixel), 20 MHz Pixeltakt). Analog arbeitende PSD erreichen Anstiegszeiten von 1 - 10 µs. Mit beiden Detektortypen läßt sich somit prinzipiell eine ausreichend hohe Meßpunktrate realisieren. Über den Triangulationswinkel und den optischen Abbildungsmaßstab sind Meßbereich und Auflösung in weiten Grenzen variierbar.

Zur schnellen Strahlablenkung kommen, für größere Ablenkwinkel (einige Grad), nur Spiegelablenker in Frage, wobei sich für eine steuerbare Meßpunktablenkung vor allem Galvanometerspiegel eignen /49/. Technische Neuentwicklungen ermöglichen eine zufällige Positionierung mit einer Frequenz von bis zu 300 Hz /50/. Die Hauptnachteile einer Scanmechanik sind jedoch die hohen Kosten (ca. 10 000 DM), die relativ große Baugröße sowie deren Stoß- und Verschleißempfindlichkeit.

Rotierende Strahlablenker, wie beispielsweise Polygonspiegel, die ebenfalls ein schnelles, linienförmiges Abtasten ermöglichen, sind ebenfalls großvolumig, relativ teuer, verschleißbehaftet und nicht wartungsfrei.

2.3.5.2 Bildwandler als Basisbausteine parallel operierender Abtastmeßprinzipien

In der optischen Meßtechnik existieren mehrere, nachfolgend beschriebene Verfahren, die ohne Einsatz mechanisch bewegter Teile eine gleichzeitige, linien- oder flächenförmige Objektabtastung ermöglichen. Diese basieren auf ein- oder zweidimensionalen Halbleiterbildwandlern. Bildwandlerröhren werden aufgrund ihrer vergleichweise geringen Abbildungsgüte und großen Einbaumaßen nicht betrachtet. Die Brauchbarkeit dieser Bausteine in der industriellen Meßtechnik wird wesentlich durch die Wandlereigenschaften der photosensitiven Elemente und deren Architektur bestimmt. Ihre Eigenschaften müssen deshalb hier betrachtet werden.

Nach dem Ausleseprinzip unterscheidet man zwischen MOS (Metal-Oxid-Semiconductor)-Fotodioden, CID (Charge-Injection-Device) und CCD (Charge-Coupled-Device)-Sensoren. Die größte Bedeutung erlangen derzeit nach dem CCD-Prinzip arbeitende Wandlertypen /51/. Die lichtempfindliche Schicht dieser Bausteine besteht aus ein- oder zweidimensionalen Anordnungen photosensitiver Elemente (Pixel), deren photoelektrisch generierte Ladungspakete mittels horizontalen und bei Flächensensoren zusätzlich vertikalen MIS (Metall-Insulation-Semiconductor)-Strukturen analog und sequentiell zur Ausgangsstufe des Sensors transportiert werden /53/.

Der Vorteil von CCD-Sensoren gegenüber CID- und MOS-Wandlertypen ist darin zu sehen, daß keine als Lastkapazitäten wirkende Adressleitungen zur Ansteuerung der einzelnen Pixel erforderlich sind. Die relativ kleinen Kapazitäten der Gates der Auslesestrukturen führen zu einem geringen Temperaturrauschen /53/ . Es wird somit ein Dynamikbereich im Bildkontrast von bis zu 60 dB erreicht /54/.

Die ursprünglich für den TV(TeleVision)-Konsumbereich konzipierten CCD-Flächenbildwandler werden zunehmend für industrielle Anwendungen eingesetzt, sie weisen jedoch Funktionsmerkmale auf, die hierfür häufig unzureichend, unbrauchbar bzw. sogar hinderlich sind. Hinderliche Merkmale sind beispielsweise das starre Bildformat, das starre Raster, mit dem die Bildinformationen übertragen werden, sowie die im Videosignal enthaltenen Synchronisiersignale, die ausgeblendet werden müssen und bis zu 37% der gesamten Bildwiederholperiode beanspruchen /51/. Die Bildaufnehmer erzeugen üblicherweise zwei ineinander verschachtelte Halbbildern mit einer Halbbildrate von 50 Hz. Eine optimale Systemlösung erfordert deshalb in der Regel eine Abkehr von der Ansteuerung dieser Bausteine nach der TV-Videonorm.

In der Ausleseorganisation unterscheidet man bei CCD-Flächenwandlern zwischen Interline-Transfer (IT)- und Frame-Transfer (FT)-Sensoren. FT-Sensoren sind in eine Bild- und eine Speicherzone unterteilt (Bild 2.14). Im Bildbereich werden die photoelektrisch erzeugten Ladungsträger unter Vertikalelektroden fixiert und nach der Belichtungsphase unter Verwendung der gleichen Elektroden zum Speicherbereich transportiert /51/. Von dort werden sie nach demselben Transportprinzip zeilenweise in ein Analogschieberegister befördert, während parallel hierzu in der Bildzone eine erneute Bildaufnahme erfolgt. Eine detaillierte Funktionsbeschreibung ist der einschlägigen Literatur zu entnehmen /51/.

FT-CCD-Sensoren zeichnen sich gegenüber IT-CCD-Sensoren durch höhere Ortsauflösungen in horizontaler und vertikaler Richtung aus, da zum Ladungstransport und zur Ladungsspeicherung dieselben Kondensatoren verwendet werden /54/. Sie sind deshalb für einen Einsatz in der Meßtechnik besser geeignet.

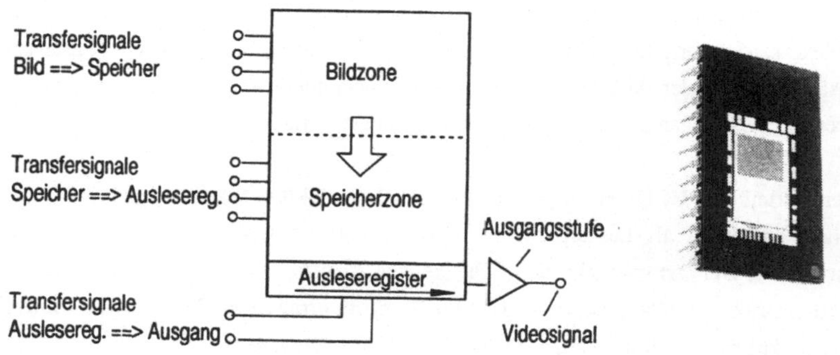

Bild 2.14: Aufbau eines Frame-Transfer-CCD-Bildwandlers

2.3.5.3 Stereoskopische Verfahren

Das dem menschlichen Sehen sehr verwandte Stereoskopieverfahren /55/ basiert auf der Verschiebungsmessung eines auf zwei Kamerasystemen abgebildeten Objekts. Je nachdem, ob Zeilen- oder Flächenkameras eingesetzt werden, ist eine zwei- oder dreidimensionale Geometriebestimmung möglich. Dem Vorteil einer kompakten und einfachen Bauweise ohne den Bedarf einer zusätzlichen Beleuchtung steht die

Korrespondenzproblematik, d. h. das Auffinden korrespondierender Bildpunkte in den beiden Stereobildern zur Geometriebestimmung gegenüber. Die aus der Literatur bekannten, unterschiedlichen Lösungsansätze hierfür /56/ sind mit einem erheblichen Rechenaufwand verbunden, so daß die hohen Echtzeitanforderungen mit wirtschaftlich vertretbaren Realisierungslösungen, z. B. mittels Parallelrechner auf Transputerbasis, nicht erfüllbar sind. Das Verfahren ist prinzipbedingt auf möglichst ausgeprägte, in beiden Grauwertbildern ähnliche Signalmerkmale (Helligkeitsunterschiede) angewiesen. Eine Entfernungsbestimmung ist somit stark von den Reflexionseigenschaften der Meßoberfläche abhängig. Außerdem führt die erforderliche Bildaufnahme aus unterschiedlichen Blickrichtungen bei Geometriesprüngen im Konturbereich leicht zu partiellen Abschattungen und damit zu undefinierten Meßwerten.

2.3.5.4 Bildverarbeitung mit partiell strukturierter Auflichtbeleuchtung

Das in /38/ beschriebene System ist ein Beispiel für eine Grauwertbildverarbeitung mit der Besonderheit einer Auflichtbeleuchtung, die für die unterschiedlichen Auswerteschritte zur Bestimmung der Konturentfernung und des Seitenversatzes sowohl strukturiert als auch unstrukturiert wirkt. Die mittels einer Zylinderlinse in einer Ebene aufgeweitete, auf die Objektoberfläche projizierte Laserlinie wird auf eine Fotodiodenzeile abgebildet (Bild 2.15a). Durch Abschattung im Konturbereich entsteht im Grauwertbild ein Signaleinbruch, welcher zur Bestimmung des Seitenversatzes herangezogen wird. Innerhalb dieses Bereiches weist die Auflichtbeleuchtung keine markante Struktur auf und kann deshalb als unstrukturiert klassifiziert werden. Wenn der laterale Meßbereich des Detektors größer ist als die Breite der projizierten Linie, können durch eine Detektion der Lichtstreifenbegrenzungen mittels Triangulation zwei Abstandswerte ermittelt werden. Für die Entfernungsbestimmung wird somit die Struktur der Auflichtbeleuchtung herangezogen. Bild 2.15b zeigt ein typisches Sensorsignal.

Ein vollständiger, die Werkstückkontur repräsentierender Profilschnitt ist nicht möglich. Weiterhin ergeben Untersuchungen /57/, daß dieses kompakt bauende Prinzip vor allem dann problematisch ist, wenn

- große Oberflächenkrümmungen im Meßfeld vorliegen,
- die Werkstückkontur keine deutliche Abschattung erzeugt,
- die Reflexionseigenschaften der Meßoberfläche zeit- bzw. ortsvariant sind.

Der Einsatzbereich bleibt somit vorwiegend auf Rechtecknuten und Stöße (s. Bild 2.3) beschränkt. Hinsichtlich der Reflexionsproblematik an technischen Oberflächen existieren die im folgenden für das Lichtschnittverfahren näher erläuterten Schwierigkeiten. Diese Probleme ergeben sich auch beim Einsatz einer ausschließlich unstrukturierten Auflichtbeleuchtung.

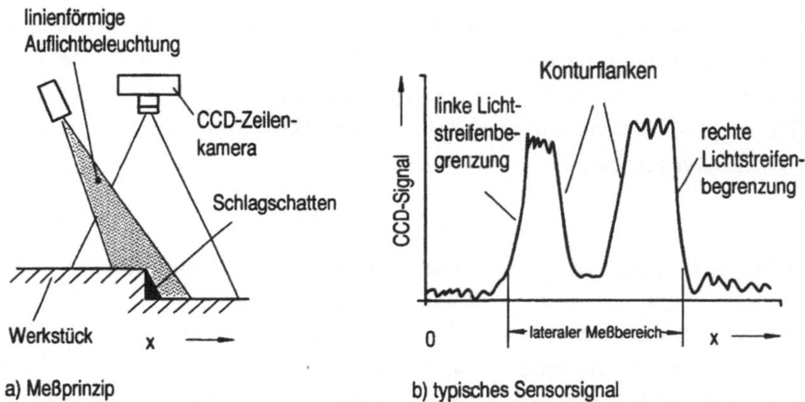

<u>Bild 2.15</u>: Typisches Sensorsignal einer zeilenförmigen Streulichtmessung mit strukturierter (Dunkelfeld-) Auflichtbeleuchtung nach /38/

2.3.5.5 Lichtschnittverfahren

Bei dem schon seit 1936 bekannten, in Bild 2.16 gezeigten Lichtschnittverfahren nach Schmalz /16/ wird ein auf die Werkstückoberfläche projizierter Lichtstreifen auf einen zweidimensionalen Bildsensor abgebildet und dessen Formung im Bildsignal zur Geometriebestimmung herangezogen. Das Meßprinzip kann als eine zweidimensionale Triangulation verstanden werden. Bild 2.17 zeigt ein typisches, mit einem CCD gewonnenes Intensitätsbild. Die Streifenprojektion kann durch Strahlaufweitung eines Laserstrahls mittels einer Zylinderlinse erfolgen. Diese Methode stellt, verglichen mit einer Scanmechanik, eine extrem kostengünstige Lösung (ca. 50 DM) dar.

Um mittels einer Standard-CCD-Kamera, deren Bilderfassung lediglich im 50 Hz-Takt erfolgt, eine höhere effektive Meßrate zu erhalten, können gleichzeitig mehrere, parallel versetzte Lichtstreifen auf die Werkstückoberfläche projiziert werden. Dieses "Multilichtschnittverfahren" erfordert jedoch eine aufwendigere Streifenprojektion. Außerdem liegt die nachfolgend erläuterte Reflexionsproblematik innerhalb jedes einzelnen Lichtstreifens vor. Eine sichere, eindeutige Streifenzuordnung wird dadurch, verglichen mit einem einzelnen Lichtschnitt erheblich schwieriger.

Höhere Bildraten erfordern eine Abkehr vom Betrieb des Bildwandlers nach der TV-Videonorm (50 Hz). Grundsätzlich wird die maximale Bildwiederholrate durch die Ladungstransportfrequenz (Pixeltakt), die Pixelanzahl und für den Fall, daß mehrere Bildbereiche gleichzeitig ausgelesen werden können, die Anzahl der Auslesestufen bestimmt. Bei entsprechender Ansteuerung kann ein CCD mit 256 x 256 Pixel bei einem Pixeltakt von 20 MHz in ca. 3,25 ms ausgelesen werden (eine Auslesestufe), d. h. die geforderten Abtastzeiten sind durch entsprechende Ansteuersequenzen des CCD realisierbar.

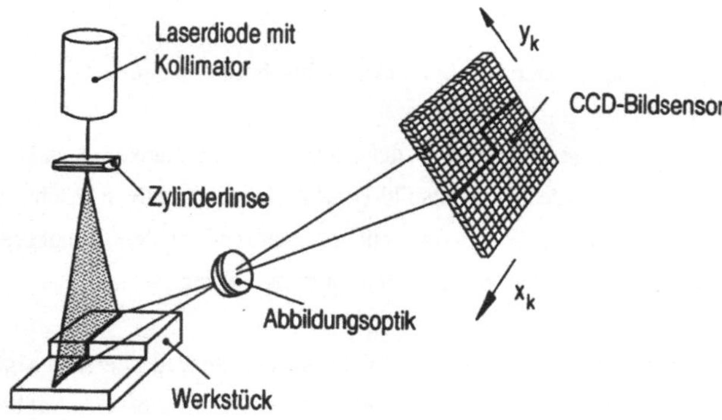

Bild 2.16: Prinzip des Lichtschnittverfahrens

Die teilweise hohen örtlichen und zeitlichen Intensitätsschwankungen im CCD-Bild beim Messen technischer Oberflächen stellen ein Problem dar, welches bisher nur unzureichend gelöst ist. Aus diesem Grund wurde das Lichtschnittverfahren in einer bisherigen Untersuchung /35/ als ungeeignetes Meßprinzip für Bahnführungssensoren bewertet. Vorwiegende Ursache ist die Oberflächen- und Geometrieabhängigkeit der Reflexionscharakteristik des diffus reflektierten Streulichtes. Der verfügbare Dynamikbereich (ca. 60 db) ist häufig nicht ausreichend für eine hinreichende Bildaussteuerung bei starrer Einstellung der Aufnahmeparameter.

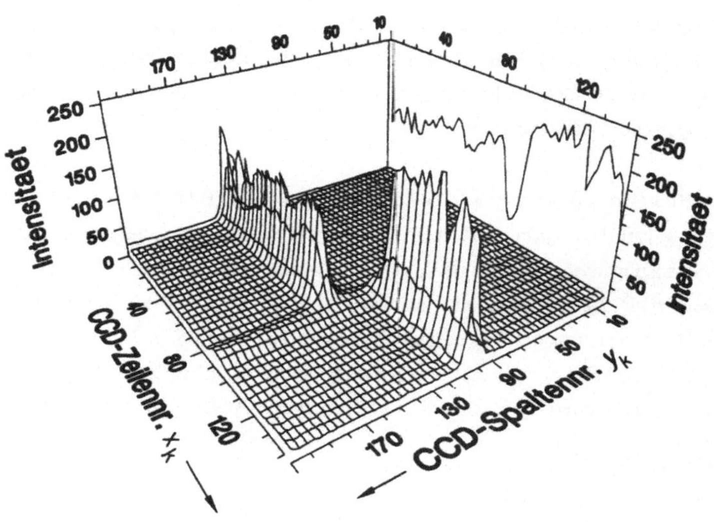

Bild 2.17: Typisches Intensitätsbild einer Lichtschnittaufnahme

Diese Problematik sei am Beispiel der Messung eines blanken Metallzylinders verdeutlicht. Das resultierende Intensitätsbild (Bild 2.18) zeigt, daß im Lichtschnittzentrum die obere Aussteuergrenze bereits erreicht ist, während in den Randbereichen kein ausreichender Signalpegel für eine Signalauswertung vorliegt.

Um bei partieller Überstrahlung des CCDs ein Überfließen überschüssiger Ladungen auf benachbarte Pixel zu vermeiden, weisen neuere CCD-Chips ein Antibloominggate auf. Mittels einer Antibloomingspannung kann die Höhe des als Ladungsspeicher wirkenden Potentialtopfes eingestellt werden, so daß überschüssige Ladungen direkt über das Substrat abgeführt werden /58/. In der Praxis zeigt sich jedoch häufig nur eine bedingte Verbesserung, da nicht alle überschüssigen Ladungen abgeführt werden und sich das Intensitätssignal im Bereich der Überbelichtung bereits verbreitert bevor die Antibloomingfunktion aktiv wird. Dies führt zu partiellen Fehlmessungen bzw. reduziert die Meßgenauigkeit.

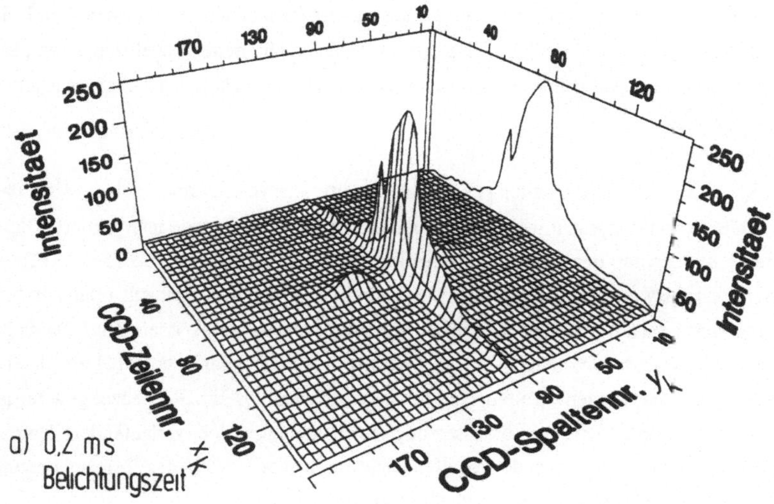

<u>Bild 2.18</u>: Lichtschnittintensitätsbild beim Messen eines Halbzylinders (blanke Metall-
oberfläche, Durchmesser 50 mm)

Die automatische Verstärkungsregelung (<u>A</u>utomatic-<u>G</u>ain-<u>C</u>ontrol, AGC) neuerer CCD-
Kameras bewirkt keine grundsätzliche Verbesserung in dieser Problematik, da sie nur
bezogen auf ein Gesamtbild integral einen über mehrere Framezeiten gemittelten Abgleich
der Ausgangsverstärkung durchführt. Die AGC-Funktion ist deshalb für Messungen zu
extern definierten Zeitpunkten und sich mit hoher Dynamik ändernden Meßbedingungen
ungeeignet.

Das Verbesserungspotential einer dynamisch an die Reflexionsverhältnisse angepaßten
Strahlungsintensität der Streifenprojektion hinsichtlich einer Erhöhung der Meßdynamik
und -genauigkeit sowie zeitoptimale, echtzeitfähige Adaptionsverfahren sind für dieses
Meßprinzip nicht bekannt.

Die Hauptaufgabe der Signalvorverarbeitung besteht darin, in der erheblichen Datenflut
des 2D-Intensitätsbildes (Bild 2.17) zeilenweise die Lage des Lichtstreifens zu
bestimmen. Dies erfolgt derzeit rechnerisch durch Binär- oder Grauwertbildverarbeitung.
Bei der Binärbildverarbeitung wird das digitalisierte Grauwertbild durch eine Schwellwertoperation, die allen Grauwerten oberhalb einer geeignet gewählten Schwelle den

Grauwert 1 und darunterliegenden Werten den Grauwert 0 zuordnet, binärisiert. Das Binärbild wird anschließend zeilenweise nach diesen Hellbereichen durchsucht und als Streifenlage die Mitte eines solchen Bereiches berechnet. Die in der Regel sich ändernden Beleuchtungs- und Aufnahmeverhältnisse erfordern eine kontinuierliche Anpassung des Schwellwertes /9/.

Bei der Grauwertbildverarbeitung wird bisher im Auswerterechner zeilenweise das Intensitätsmaximum gesucht und dessen Position als Lichtstreifenlage interpretiert. Diese Strategie ist aufgrund der großen Datenmengen bei einem Bildformat von 256x256 Pixel müssen beispielsweise 65 536 Grauwerte verarbeitet werden - derzeit mit relativ hohen Verarbeitungszeiten verbunden. Durch Ausnutzung von a-priori-Wissen kann der hohe Rechenzeitbedarf zwar reduziert werden, indem die Zeilenmaximumsuche bei der bereits detektierten, benachbarten Streifenposition gestartet wird /9/. Ein Rechenzeitgewinn ist damit jedoch nur unter der Voraussetzung einer kontinuierlich verlaufenden Kontur möglich. Zur Beschleunigung der Streifendetektion wurde in /59/ das Zeilenmaximum durch eine festverdrahtete Auswerteschaltung ermittelt.

Diese Verfahren sind dadurch gekennzeichnet, daß sie im Pixelraster des digitalisierten Bildes arbeiten. Signalverarbeitungsstrategien, die sowohl echtzeitfähig sind, als auch Genauigkeiten im Subpixelbereich ermöglichen, sind derzeit für dieses Meßprinzip nicht verfügbar. Die Bestimmung des Zeilenschwerpunktes /87/ als Streifenpositionslage erfolgt bisher softwaretechnisch und ist damit nur mit hoher Rechenleistung echtzeittauglich.

2.3.5.6 Bewertung der vorgestellten Meßprinzipien

Um zu einer Aussage über die Eignung der vorgestellten Meßprinzipien als Basis für ein Sensorsystem zur schnellen Konturverfolgung zu gelangen, muß eine Bewertung deren Potentials hinsichtlich den in Kap. 2.3.4 erläuterten Kriterien erfolgen. Zur Bildung eines Gesamturteils werden diese entsprechend ihrer Relevanz gewichtet (Tabelle 2.3).

Die wichtigste Bedeutung haben die Aspekte "Oberflächenempfindlichkeit" und "erreichbare Meßrate", da sie quasi die Grundvoraussetzung für einen zuverlässigen Sensoreinsatz bilden (Gewichtungsfaktor 4 in Tabelle 2.3). Bei der "Oberflächenempfindlichkeit" zeigt der Triangulationsscanner deutliche Vorteile gegenüber den parallel operierenden

Verfahren, da die punktuelle Abtastung auch eine schnelle, lokale Adaption der Belichtungsverhältnisse ermöglicht. Hinsichtlich der erreichbaren Meßrate muß die Stereoskopie aufgrund der starken Abhängigkeit der Meßrate von den Oberflächeneigenschaften negativ bewertet werden. Im Bauvolumen und der mechanischen Robustheit ist die beim Triangulationsscanner erforderliche Scanmechanik besonders nachteilig.

Die Komplexität des Empfangsdetektors und dessen Ansteuerung ist beim Lichtschnittverfahren aufgrund der zweidimensionalen Detektorstruktur am höchsten. Die zeilenorientiert arbeitende Signalvorverarbeitung zur Streifenlagendetektion ist vom Aufwand her vergleichbar mit jener für einen Triangulationsscanner, wenn dieser auf Basis einer Photodioden- bzw. CCD-Zeile arbeitet.

Ein für den industriellen Einsatz wichtiger Gesichtspunkt ist die Laserschutzklasse, in die ein Lasersystem eingegliedert werden muß. Nach /60/ werden Lasereinrichtungen hinsichtlich ihrer Strahlungssicherheit in die Klassen 1 bis 4 entsprechend ihrer für den menschlichen Körper zugänglichen Strahlung klassifiziert. In diesem Zusammenhang ist wesentlich, daß ein punktförmig fokusierter Laserstrahl eines Laserscanners aufgrund der sequentiellen Punktmessung gegenüber einem zeilenförmig aufgeweiteten Laserstrahl eine wesentlich höhere Bestrahlungsstärke (Leistung pro Fläche) aufweisen muß, um bei gleicher Konturmeßzeit T_{Mess} einen vergleichbaren Signalpegel am Photodetektor zu erzeugen. Ein Laserscanner weist deshalb gegenüber einem Lichtschnittsensor ein höheres Gefährdungspotential auf.

Die Gesamtbewertung (Tabelle 2.3) offenbart, daß das Lichtschnittverfahren und der Triangulationsscanner die gestellten Anforderungen am besten erfüllen. Der direkte Vergleich dieser beiden Meßverfahren zeigt jedoch, daß das Lichtschnittverfahren die gestellten Kriterien wesentlich besser erfüllt, wenn es gelingt, die Oberflächenabhängigkeit der Bildsensorsignale zu mindern. In diesem Fall ergibt sich gemäß der Gewichtung in Tabelle 2.3 eine "Performanceverbesserung" von bis zu 8 Bewertungspunkten. Das Verbesserungspotential punktuell abtastender Meßverfahren (scannende 1D-Triangulation) ist vergleichsweise gering, da die erforderliche Scanmechanik gegenüber einer Zylinderlinse beim Lichtschnittverfahren an sich schon gravierende, prinzipbedingte Nachteile hinsichtlich Kosten, Bauvolumen, Stoß- und Verschleißempfindlichkeit sowie einer Gefährdung durch Laserstrahlung mitsichbringt.

Kriterium	Gewich-tung	Triangulation mit Scanner	Stereo-skopie	BV mit CCD-Zeile	Licht-schnitt-verf.	Multilicht-schnitt-verf.
Oberflächenem-pfindlichkeit	4	●	○	○	○	○
erreichbare Meßrate	4	●	○	●	●	●
Eignung zur Di-stanzmessung	3	●	◒	○	●	●
Bauvolumen	2	○	●	◒	◒	○
mech. Robustheit	2	○	●	●	●	●
Aspekt "Laser-sicherheit"	2	○	●	◒	◒	◒
Aufwand für Si-gnalvorverarb.	1	◒	○	●	◒	○
Gesamt-bewertung	-	5	-3	0	5	2

● eher vorteilhaft   ◒ neutral   ○ eher nachteilig
Multiplikator +1   Multiplikator 0   Multiplikator -1

<u>Tabelle 2.3</u>: Bewertung von Meßverfahren hinsichtlich ihrer Eignung für ein Sensor-system zur schnellen Konturverfolgung

Die weiteren, meßprinzipbezogenen Untersuchungen konzentrieren sich deshalb auf nach-folgend zusammengefaßte Weiterentwicklungen zum Lichtschnittverfahren.

2.4 Zusammenstellung der erforderlichen Untersuchungen und Entwicklungen

Die Untersuchungen in Kap. 2.2 zeigen, daß die gesteuerte Bahnführung mit vorlau-fendem Sensor die beste Konturverfolgungsstrategie für hohe Bahngeschwindigkeiten darstellt. Für dieses Konzept sind derzeit jedoch keine Aussagen über die erreichbare Bahngeschwindigkeit und -genauigkeit in Abhängigkeit relevanter Systemparameter wie

z. B. Sensorvorlauf, Sensormeßbereich, steuerungs- und sensorseitige Totzeiten, Dynamik des Industrieroboters (Geschwindigkeitsverstärkungen der Lageregelkreise) und des eingesetzten Lageregelkonzeptes bekannt. Weitere Untersuchungen befassen sich deshalb mit dieser Fragestellung in Kap. 3.

Mit dem Lichtschnittverfahren ist ein einfaches, kompaktbauendes Meßprinzip zur schnellen und verschleißfreien Geometrieerfassung bekannt. Es bietet nach den Untersuchungen in Kap. 2.3 die Möglichkeit, die gesteckten Ziele,

- eine Sensormeßzeit von kleiner 6 ms,
- eine Sensorabtastzeit von kleiner 10 ms,
- eine Sensortotzeit von kleiner 10 ms und
- eine robuste, extern triggerbare Meßwerterfassung

zu erreichen, wenn es gelingt, folgende Problemfelder zu lösen:

1. Die Entwicklung von Verfahren, die eine On-line-Anpassung der Meßwerterfassung und -auswertung an zeit- und ortsvariante Reflexionseigenschaften der Werkstückoberfläche ermöglichen.

2. Die Realisierung einer zeitoptimalen, extern synchronisierbaren Meßwerterfassung.

3. Die Bereitstellung einer Signalverarbeitungsstrategie, die aus den Bilddaten im ms-Bereich eine Kontur in den Freiheitsgraden Seitenversatz, Entfernung und Drehlage hochgenau und robust detektieren kann und eine kombinierte Auswertung von Geometrie- und Grauwertinformationen ermöglicht.

Diese Fragestellungen werden in Kap. 4 bis 7 untersucht.

3 Erarbeitung und Untersuchung der Einsatzgrenzen eines Konturverfolgungssystems mit vorlaufendem Lichtschnittsensor

3.1 Erreichbare Bahngeschwindigkeiten

3.1.1 Bahnplanungsbedingung

Im folgenden wird eine quantitative Beziehung für den erforderlichen Sensorvorlauf als Funktion relevanter Kenngrößen formuliert. Eine fundamentale Bedingung für die Durchführbarkeit einer Bahnplanung auf Basis der sensorgestützt erfaßten Sollbahnstützstellen ist, daß der Sensorvorlauf grundsätzlich größer sein muß als die in der Zeitspanne zwischen einer Meßwertaufnahme und der Verfügbarkeit der zugehörigen Sensordaten für eine Bahninterpolation zurückgelegte Wegstrecke des TCP. Außerdem muß eine sensorgestützt ermittelte Sollbahnstützstelle mindestens einen Interpolationstakt früher als für die Bahninterpolation benötigt, in den FIFO-Bahnspeicher (Bild 2.7) eingetragen werden. Diese, im folgenden als Bahnplanungsbedingung bezeichnete Forderung, führt für den Fall, daß außer dem Interpolationstakt steuerungsintern keine weitere Totzeit auftritt ($T_{t,RC} = T_{IPO}$), auf die Beziehung (s. Bild 3.1):

$$\left.\begin{array}{l} \Delta s = v_B\, T_{IPO} \\[2mm] f_B = v_B\, \xi/K_V \\[2mm] m_v = s_v - v_B\, T_{t,Sen} \\[2mm] m_v \geq f_B + \Delta s \quad (k{=}1) \end{array}\right\} \qquad s_v \geq v_B\, (T_{t,Sen} + T_{IPO} + \xi/K_V) \qquad (3.1)$$

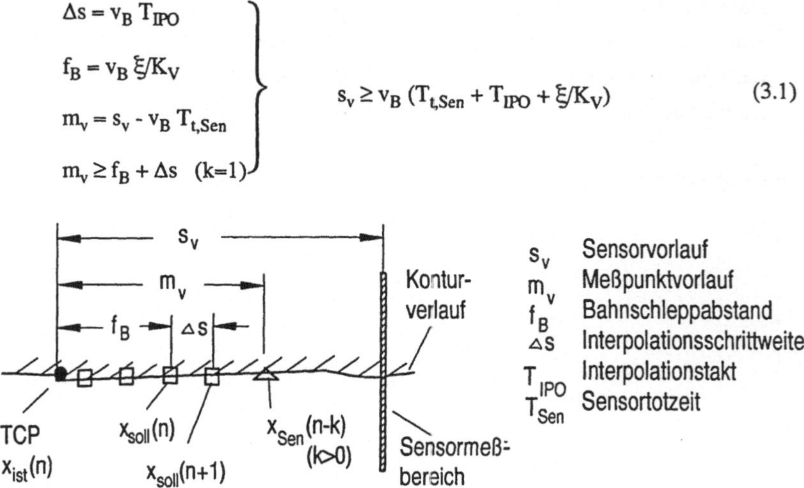

Bild 3.1: Bahnplanungsbedingung beim vorlaufenden Sensor

Für $T_{t,RC} > T_{IPO}$ ist in Gl. (3.1) die Steuerungstotzeit anstelle der Interpolationszeit einzusetzten. Die Zeiten $T_{t,Sen}$, T_{IPO} und ξ/k_V können zu der Systemersatzzeit T_{ers} des Konturfolgesystems zusammengefaßt werden. Durch die Größe ξ wird berücksichtigt, daß sich der Bahnschleppabstand in Vorschubrichtung kinematik- und positionsabhängig aus den Schleppabständen der einzelnen Roboterachsen zusammensetzt. Beispielsweise ergibt sich für eine kartesische Kinematik bei linearer Bewegung und stationärer Bahngeschwindigkeit ξ zu $\sqrt{3}$ (bei gleichen K_V-Werten aller Achsen). Bei nicht kartesischer Kinematik setzt sich der Bahnschleppabstand aus der auf den TCP bezogenen Addition aller Achsschleppabstände zusammen. Die Bahnplanungsbedingung Gl. (3.1) darf hierbei auch für den größten auftretenden Bahnschleppabstand nicht verletzt werden.

Um Bahnfehler aufgrund von Schleppabständen zu reduzieren, kann ein Vorfilter wie beispielsweise eine Geschwindigkeits- und Beschleunigungsvorsteuerung eingesetzt werden /61/. Bei konstanten Achsbeschleunigungen reduziert sich der Bahnschleppabstand auf Null. Die Lagesollwerte werden durch das Vorfilter (Transversalfilter) zeitverzögert. Der Zeitverzug ist durch die Stufenzahl des Vorfilters bestimmt (Stufenzahl x Lageregeltakt). Der Term ξ/K_V in Gl. (3.1) ist in diesem Fall durch den Zeitverzug des Vorfilters zu ersetzen. Dieser ist in der Regel dann vernachlässigbar, wenn dar Lageregeltakt der Roboterachsen wesentlich geringer als der Interpolationstakt ist. In Gl. (3.1) ist dann eine Vorsteuerung durch $\xi = 0$ hinreichend berücksichtigt.

Beim Einsatz einer Vorsteuerung ist zu beachten, daß zur Bahninterpolation zwischen den Sensorstützstellen keine Linearinterpolation verwendet werden darf, da dies an den Interpolationsstützstellen zu einer sprunghaften Änderung der Bahngeschwindigkeit bzw. zu einer theoretisch unendlichen Sollbeschleunigung führt, wodurch die Antriebsysteme an ihre Begrenzungen gelangen und die Robotermechanik stark angeregt wird.

Betrachtet man derzeitige Größenverhältnisse ($T_{IPO} \approx 10\,\text{ms}$, $K_V \approx 10...20\,\text{1/s}$, $T_{t,Sen} \geq 0,1\,\text{s}$), so wird deutlich, daß insbesondere bei Einsatz einer Vorsteuerung die sensorbedingten Verzugszeiten derzeitiger Sensorsysteme erheblich zum erforderlichen Sensorvorlauf beitragen und dadurch die Zugänglichkeit sowie die maximal zulässige Richtungsänderung der Bahn stark einschränken /62/.

3.1.2 Maximal zulässige Richtungsänderungen

Bei der Untersuchung der maximal zulässigen Bahnrichtungsänderung α_{max} als Funktion der relevanten Systemparameter ist beim vorlaufenden Sensor zu unterscheiden zwischen einer starren Sensorankopplung am Robotergreifer und einer Konfiguration, die eine Nachführung des Sensormeßbereichs mittels hierfür verfügbaren Stellachsen ermöglicht. Bei einer starren Sensorankopplung führen Bahnrichtungsänderungen zu Verschiebungen der Kontur im Sensormeßfenster.

Die Verhältnisse werden im folgenden am Beispiel einer Bahn untersucht, die aus zwei unter dem Winkel α zusammengesetzten Geradensegmenten besteht (sprungartige Richtungsänderung). Damit der Sensor diese Bahn nicht aus seinem seitlichen Meßfenster der Breite $2x_{smax}$ verliert, muß die in Bild 3.2 abgeleitete Geometriebedingung Gl. (3.2) und aufgrund der zeitdiskreten Arbeitsweise die Abtastbedingung Gl. (3.3) erfüllt sein. Letztere ergibt sich aus der ortsdiskreten Abtastung mit dem Sensortakt T_{SA}.

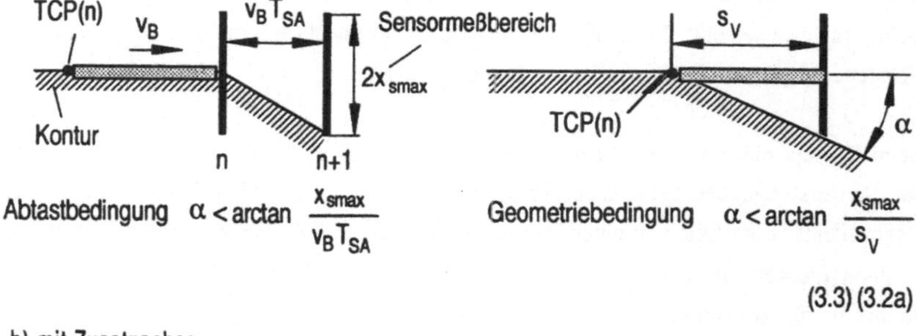

Abtastbedingung $\quad \alpha < \arctan \dfrac{x_{smax}}{v_B T_{SA}}$

Geometriebedingung $\quad \alpha < \arctan \dfrac{x_{smax}}{s_V}$

$$(3.3)\ (3.2a)$$

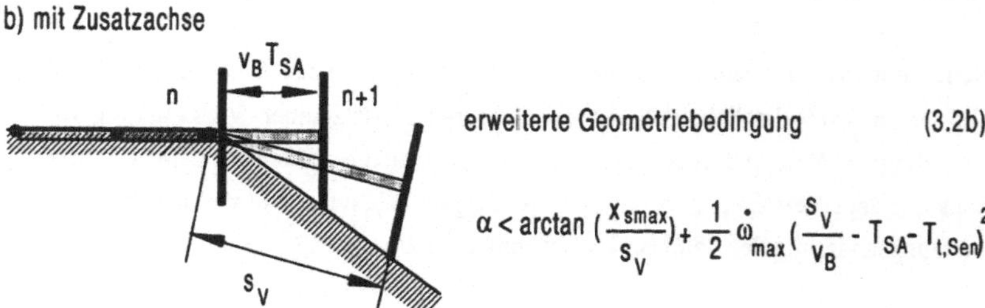

erweiterte Geometriebedingung $\qquad (3.2b)$

$$\alpha < \arctan \left(\frac{x_{smax}}{s_V}\right) + \frac{1}{2}\,\dot\omega_{max}\left(\frac{s_V}{v_B} - T_{SA} - T_{t,Sen}\right)^2$$

Bild 3.2: Geometrie- und Abtastbedingung beim vorlaufenden Lichtschnittsensor

Wegen $T_{SA} < T_{ers}$ folgt aus Gl. (3.1), daß im Falle einer starren Sensoranordnung immer die Geometriebedingung Gl. (3.2a) die schärfere Begrenzung für α darstellt.

Bild 3.3 zeigt die sich ergebenden Grenzverhältnisse für $T_{t,Sen} = T_{SA} = 0{,}01$ s. Die Bahnplanungsbedingung wurde als Kennlinienschar der Form

$$s_v = v_B T_{ers} \qquad \text{mit} \qquad T_{ers} = T_{t,Sen} + T_{IPO} + \xi/K_V \qquad (3.4)$$

eingetragen. Je nach Systemersatzzeit T_{ers} des Konturfolgesystems ist der rechts der entprechenden Kennlinie liegende Arbeitsbereich zulässig.

Bahnrichtungsänderungen von $\alpha \geq 90$ können bei einer starren Sensoranordnung prinzipiell nicht verfolgt werden.

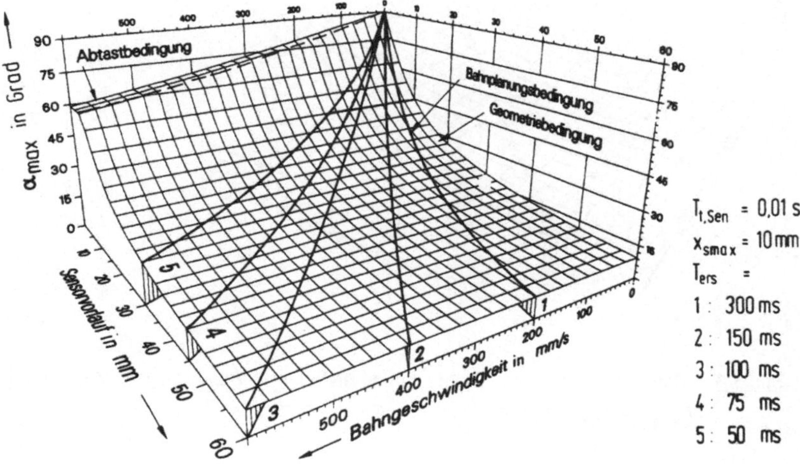

<u>Bild 3.3</u>: Maximal zulässige Bahnrichtungsänderung α_{max} ohne Zusatzachse ($T_{t,Sen} = T_{SA} = 0{,}01$ s)

Größere Richtungsänderungen erfordern je nach lateralem und longitudinalem Sensormeßbereich eine bzw. zwei Zusatzachsen. Im Falle einer rotatorischen Achse zur Nachführung des Seitenmeßbereichs erweitert sich die Geometriebedingung um den Drehwinkel, den die Achse in der Zeitspanne zurücklegt, die der TCP vom Zeitpunkt der

Detektion der Richtungsänderung bis zum Erreichen des Eckpunktes benötigt (Bild 3.2b). In Bild 3.4 sind die Verhältnisse für eine maximale Winkelbeschleunigung $\dot{\omega}_{zmax}$ der Zusatzachse (gängiger Wert 35 $1/s^2$) dargestellt. Bild 3.5 zeigt zum Vergleich die Verhältnisse für eine Sensortotzeit von 0,1 s. Richtungsänderungen von $\alpha_{max} > 90°$ können unter Berücksichtigung von Vorwissen über den Konturverlauf bzw. mittels intelligenter Suchfunktionen des Sensorsystems und einer Drehachse verfolgt werden.

Die gewonnenen Zusammenhänge können durch eine Simulation des dynamischen Verhaltens solcher Sensorführungen bestätigt werden /34/.

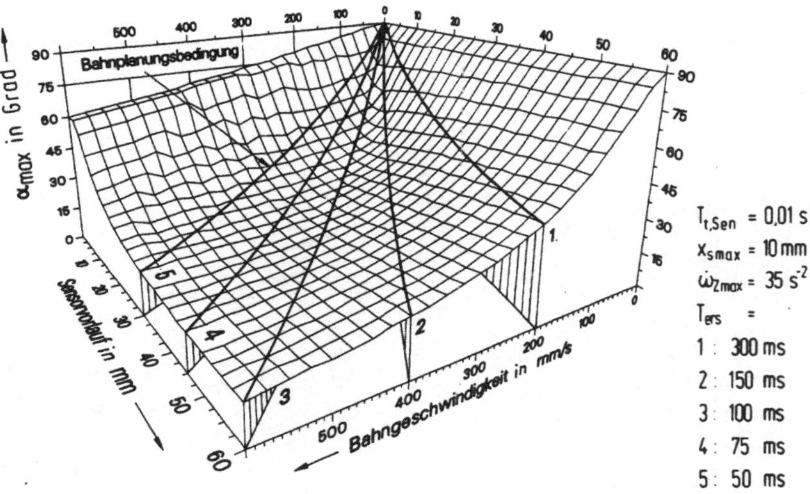

<u>Bild 3.4</u>: Maximal zulässige Bahnrichtungsänderung α_{max} mit Zusatzachse ($T_{t,Sen} = T_{SA} = 0{,}01$ s)

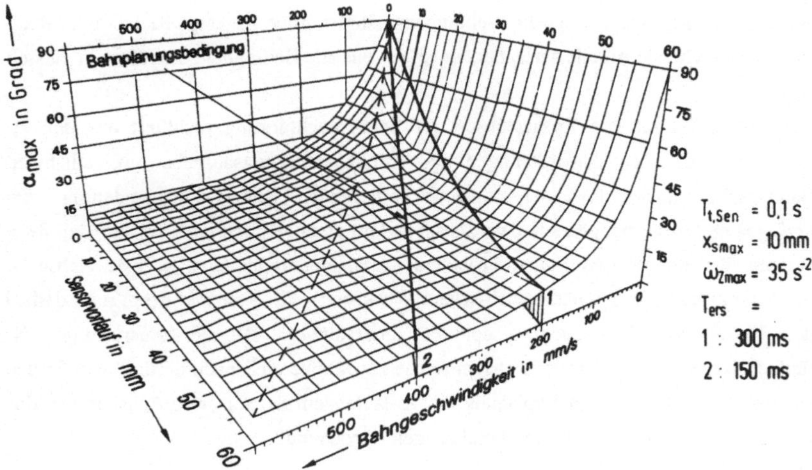

Bild 3.5: Maximal zulässige Bahnrichtungsänderung α_{max} mit Zusatzachse $(T_{t,Sen} = T_{SA} = 0,1\ s)$

Eine Gegenüberstellung dieser Untersuchungsergebnisse führt zu folgenden Erkenntnissen:

1. Bei geringen Bahngeschwindigkeiten ($v_B < 100$ mm/s) entfällt im Falle einer Zusatzachse die Abhängigkeit der maximalen Richtungsänderung vom Sensorvorlauf.

2. Bei hohen Bahngeschwindigkeiten und einer Zusatzachse begrenzt die erweiterte Geometriebedingung vor der Abtastbedingung die zulässige Bahnrichtungsänderung.

3. Bei großen Sensortotzeiten ($T_{t,Sen} > 0,1$s) und einer Zusatzachse wird α_{max} bei hoher Bahngeschwindigkeit durch die Abtastbedingung Gl. (3.2) begrenzt. Es besteht nahezu keine Abhängigkeit vom Sensorvorlauf.

4. Kleine Sensortotzeiten erlauben wesentlich größere Richtungsänderungen.

Im Falle einer Bahnrichtungsänderung in Abstandsrichtung ist für die Geometrie- und Abtastbedingung eine analoge Betrachtung anzustellen. Eine beliebige Richtung im Raum ist in entsprechende Anteile zerlegbar, wobei jeweils alle Bedingungen erfüllt sein müssen.

Die Notwendigkeit von Zusatzachsen zur Sensornachführung resultiert aus den applikationsspezifischen Anforderungen der Konturverfolgungsaufgabe hinsichtlich der Bahngeschwindigkeit und der maximal auftretenden Bahnrichtungsänderung, dem verfügbaren Sensormeßbereich, dem Sensorvorlauf und eventuell noch verfügbaren freien Achsen des eingesetzten Industrieroboters (z. B. eine redundante sechste Achse bei Bearbeitungen mit rotationssymmetrischem Werkzeug). Ein Systemkonzept muß deshalb den Einsatz von Zusatzachsen optional unterstützten. Bei der Ausrüstung eines fünfachsigen Gerätes mit einer sechsten Achse zur Meßbereichsnachführung ist außerdem zu beachten, daß bei der Bahnplanung mit vorlaufendem Sensor diese Achse in die Vor- bzw. Rückwärtstransformation mit einbezogen werden muß.

3.1.3   Minimal zulässiger Bahnkrümmungsradius

Untersucht man die Verhältnisse bei kontinuierlichen Richtungsänderungen der Bahn, so kann für den Fall eines aus einer Geraden- und einem Kreisbogen zusammengesetzten Bahnverlaufs auf dem in /13/ für einen rotatorisch um den TCP scannenden Sensormeßort (Bild 2.10c) erzielten Ergebnis (Gl. (3.5)) aufgebaut werden. Bei dieser Betrachtung sei der vorlaufende Lichtschnittsensor mit einer Drehachse zur Nachführung des Seitenmeßbereichs ausgestattet (Bild 3.6).

Berücksichtigt man in Gl. (3.5) zusätzlich die Bahnplanungsbedingung Gl. (3.1), so ergibt sich, daß im Grenzfall der minimal zulässige Bahnkrümmungsradius R_{Min} proportional zu $v_B T_{ers}$ ist. Enge Krümmungsradien erfordern einen kurzen Sensorvorlauf und somit bei hoher Bahngeschwindigkeit eine entprechend kurze Systemersatzzeit, damit dieser einstellbar ist. Mit Gl. (3.1) und (3.5) kann für einen gegebenen Bahnverlauf und die geforderte Bahngeschwindigkeit die erforderliche Systemersatzzeit des Konturfolgesystems bestimmt werden. Aus Gl. (3.4) ergeben sich damit die Anforderungen an die Roboterdynamik (K_V-Werte) und die maximal zulässigen steuerungs- bzw. sensorseitigen Totzeiten.

Im Falle einer starren Sensoranordnung am Greifer sind unabhängig vom Bahn-krümmungsradius Richtungsänderungen bis maximal 90° möglich.

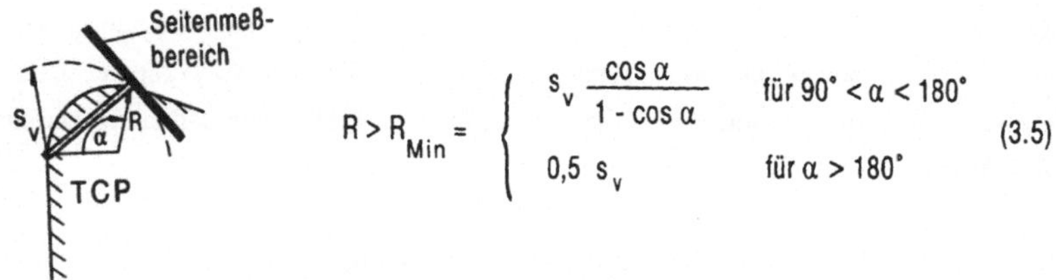

$$R > R_{Min} = \begin{cases} s_v \dfrac{\cos \alpha}{1 - \cos \alpha} & \text{für } 90° < \alpha < 180° \\[2mm] 0{,}5 \ s_v & \text{für } \alpha > 180° \end{cases} \tag{3.5}$$

<u>Bild 3.6</u>: Minimal zulässiger Bahnkrümmungsradius beim vorlaufenden Lichtschnitt-sensor mit Drehachse für den Seitenmeßbereich

3.2 Erreichbare Bahngenauigkeiten

3.2.1 Ursachen für Bahnfehler beim vorlaufenden Sensor

Da beim vorlaufenden Sensor der aktuelle TCP und Sensormeßort prinzipbedingt nicht identisch sind, wirken sich kinematische Fehler im Gegensatz zum konventionellen Sensorregelkreis, wo diese beim Messen im TCP stationär kompensiert werden, in einem noch zu klärenden Maße auf die Bahngenauigkeit aus. Weitere, hierfür relevante Einfluß-größen sind

- Fehler, die vom Sensorsystem abhängen (zufällige oder systematische Meßfeh-ler) und
- die begrenzte Dynamik der Roboterachsen.

Diese Ursachen bewirken Bahnfehler bei der sensorgestützten Sollbahngenerierung und aufgrund von Schleppabständen Bahnfehler beim Abfahren dieser Sollbahn mit der programmierten Bahngeschwindigkeit.

Die Lageregelung der Roboterachsen mit der Aufgabe, die Sollbahn mit möglichst hoher Bahntreue abzufahren, ist bei diesem Bahnadaptionsprinzip entkoppelt von der Soll-bahngenerierung. Dies bedeutet, daß der eingesetzte Industrieroboter grundsätzlich in der Lage sein muß, die gewünschte Bahn mit der geforderten Bahngenauigkeit und -ge-schwindigkeit abfahren zu können, wenn diese am Werkstück exakt eingelernt wurde. In

Arbeiten, die sich mit regelungstechnischen Maßnahmen zur Erhöhung der Bahngenauigkeit von Industrierobotern befassen /45, 61/ wird gezeigt, daß für Knickarmroboter Bahngenauigkeiten von <0,2 mm bei Bahngeschwindigkeiten von 100 mm/s erreichbar sind. Weitere Verbesserungen erlaubt der Einsatz von Direktantrieben als Alternative zur konventionellen Antriebstechnik /63/. In dieser Arbeit werden deshalb nur diejenigen Fehlerquellen untersucht, die sich auf die Genauigkeit der Sollbahngenerierung auswirken.

Hierfür relevante Einflußgrößen sind in Bild 3.7 zusammengestellt. Die Auswirkung von Synchronisations- und Interpolationsfehlern wurden bereits in Kap. 2 erläutert. Neben der Meßgenauigkeit des Sensors geht insbesondere die Genauigkeit der den einzelnen Transformationen zugrundeliegenden Kinematikmodelle des Roboters und der Sensoranordnung ein. Beispiele für Fehler, die aus Differenzen zwischen steuerungsintern modellierter und realer Roboterkinematik entstehen, sind /45/:

- Achslängenabweichungen,
- Achslagefehler und
- Nullagefehler in der Referenzstellung.

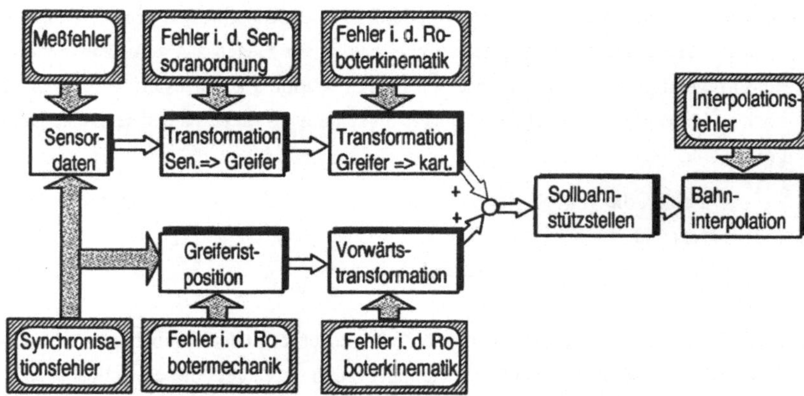

<u>Bild 3.7</u>: Fehlerquellen und ihre Wirkstellen bei der sensorgestützten Sollbahngenerierung

Weitere Fehlerursachen sind in der Robotermechanik zu sehen. Hierzu zählen:

- statische, dynamische oder thermische Armverformungen
- Getriebefehler (Spiel, Umkehrspanne, Winkelübertragungsfehler).

Die Bedeutung dieser Fehler für die Bahngenauigkeit der Sensorführung wird im folgenden untersucht.

3.2.2 Einfluß von Kinematik-, Mechanik- und Sensormeßfehlern auf die Bahngenauigkeit

Bedingt durch das Messen und Abfahren der Bahn mit ein und demselben Gerät können sich diejenigen Fehler in der Kinematik und Mechanik des Industrieroboters kompensieren, die sowohl bei der Sollbahnerzeugung als auch beim Abfahren der Bahn in gleichem Maße eingehen. Da der Sensormeßort dem TCP vorauseilt, zählen hierzu nur solche Fehler, die innerhalb des Bahnsegments zwischen TCP und Sensormeßort stellungsunabhängig wirken. Um die fehlerkompensierenden Eigenschaften der Sensorführung bei der Untersuchung der Bahngenauigkeit mit einzubeziehen, wird diese nachfolgend anhand eines direkten Vergleichs der mit niedriger Bahngeschwindigkeit abgefahrenen Bahn mit dem Bahnverlauf der Werkstückkontur ermittelt. Die Bahngeschwindigkeit sei hierbei so niedrig gewählt, daß der Einfluß von Schleppabständen vernachlässigbar ist.

In diesem Fall resultieren Bahnfehler aus Fehlerquellen,

- die sich nicht kompensieren, da sie nur bei der Sollbahngenerierung nicht aber beim Abfahren der Bahn eingehen, und solchen,
- die innerhalb des Bahnsegments zwischen TCP und Sensormeßort lokal bzw. stellungsabhängig auftreten und sich somit nicht oder nur teilweise aufheben bzw. im schlimmsten Fall sogar verstärken.

Zur erstgenannten Klasse zählen systematische Meßfehler des Sensors sowie fehlerhafte Kinematikparameter bei der Beschreibung der Sensoranordnung am Robotergreifer. Beide Ursachen führen zu einem Offsetfehler der Istbahn entsprechend ihrer räumlichen Wirkrichtung. Ein typisches Beispiel ist eine fehlerhafte Nullpunktlage des Sensors. Fehler in der Transformation der Sensordaten von sensor- in greiferspezifische Koordinaten gehen somit in gleichem Maße wie systematische Sensormeßfehler in die Genauigkeit der Istbahn ein.

Beispiele für die zweite Fehlerkategorie sind zufällige Meßfehler des Sensors, Schwingungen der Robotermechanik und für den Fall, daß der Industrieroboter mit indirekten Lagemeßsystemen ausgestattet ist, Winkelübertragungsfehler der Lastgetriebe (wie z. B. Umkehrspanne oder Spiel). Um den Einfluß von Getriebefehlern zu ermitteln, wurden die Abtriebsfehler des Lastgetriebes einer Robotergrundachse mittels eines hochauflösenden direkten Meßsystems ermittelt (Bild 3.8).

Die Messung zeigt bei einer reversierenden Achsbewegung von ±10° am Abtrieb einen periodischen Abtriebsfehler mit einem Spitzenwert von ca. 1,5′ und einer Periodenlänge von 3° sowie eine Umkehrspanne, die in derselben Größenordnung liegt. Der periodische Fehler ist synchron zur Motorlage (Getriebeübersetzung 120) und auf Rundlauffehler entsprechend rotierender Teile zurückzuführen. Diese Achse verursacht somit beipielsweise bei einer Armlänge von 1 m einen periodischen Positionsfehler von ca. 0,4 mm. Sind mehrere solcher Achsen an einer Bewegung beteiligt, so können durch Überlagerung erhebliche Bahnfehler entstehen.

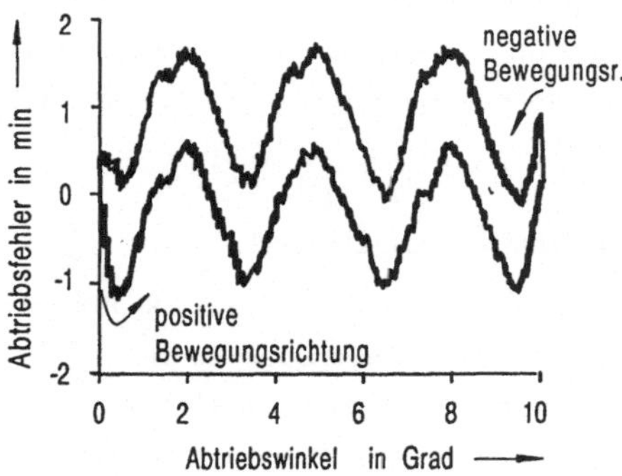

Bild 3.8: Gemessene Übertragungsfehler des Lastgetriebes einer Roboterachse

Die Auswirkungen solcher Getriebefehler auf die Bahngenauigkeit beim vorlaufenden Sensor können mit Hilfe eines geeigneten Simulationssystems /34/ gezeigt werden. Bild 3.9b zeigt ein gewonnenes Simulationsergebnis zum Bahnverhalten einer Sensorführung mit vorlaufendem Sensor für eine 4achsige Scara-Kinematik (Bild 3.9a), bei der in der ersten Hauptachse ein periodischer Winkelübertragungsfehler mit der Amplitude von 1,5′ angesetzt wurde. Als Werkstückkonturverlauf wurde eine Gerade in x_R-Richtung vorgegeben. Die Simulation zeigt, daß mit zunehmendem Sensorvorlauf die durch die Getriebefehler verursachten Bahnfehler größer werden. Sie nehmen im untersuchten Fall außerdem mit wachsender x_R-Koordinate zu, was auf die zunehmende effektive Armlänge, mit der die Getriebefehler wirken, zurückzuführen ist.

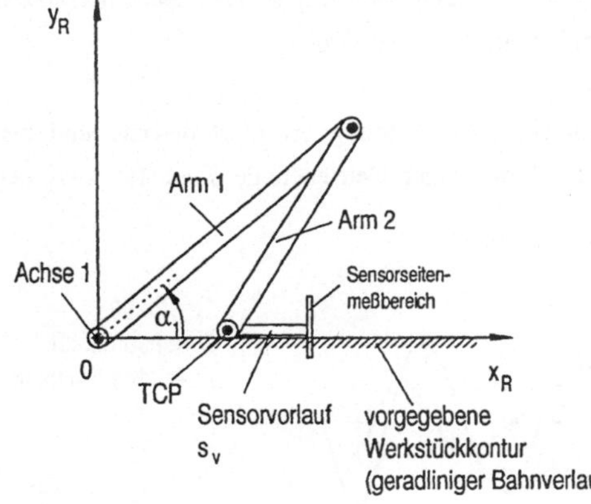

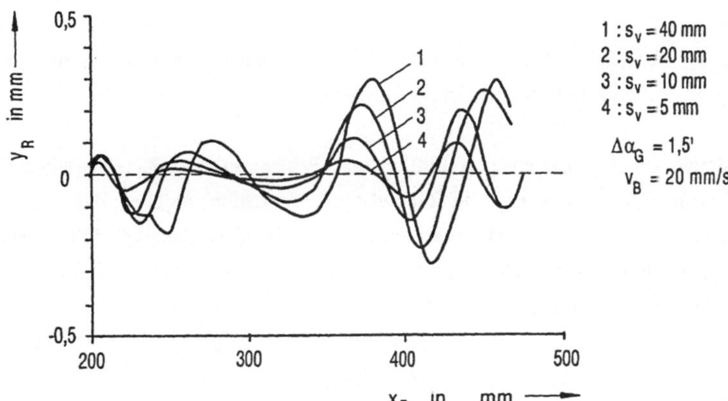

<u>Bild 3.9</u>: Bahnverhalten beim vorlaufenden Sensor bei indirekter Lageistwerterfassung und einem periodischen Getriebefehler in der Hauptachse

Eine Gegenüberstellung der Istbahn zur zugehörigen, sensorgestützt erfaßten Sollbahn zeigt (Bild 3.10), daß bei hinreichend kleinem Sensorvorlauf (hier 5 mm) die entstehenden

Bahnfehler kleiner als die der sensorgestützt erfaßten Sollbahn sind. Dies ist auf die fehlerkompensierenden Eigenschaften der Sensorführung zurückzuführen. Um Getriebefehler kompensieren zu können, muß der Sensorvorlauf jedoch so klein gewählt werden (hier 5 mm), daß aufgrund der Bahnplanungsbedingung (3.1) je nach Systemersatzzeit nur noch relativ niedrige Bahngeschwindigkeiten möglich sind.

Eine hochgenaue und gleichzeitig schnelle Sensorführung erfordert deshalb und insbesondere dann, wenn mehrere Achsen mit derartigen Getriebefehlern behaftet sind, den Einsatz direkter Lagemeßsysteme.

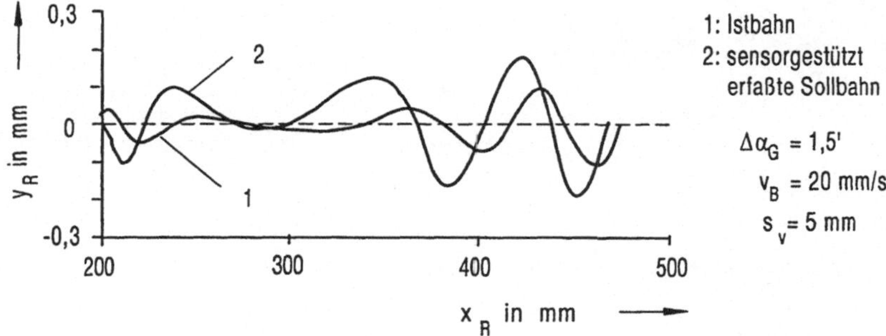

Bild 3.10: Vergleich der mit indirektem Meßsystem und vorlaufendem Sensor erfaßten Sollbahn mit der resultierenden Istbahn

Simulative Untersuchungen zum Einfluß von Fehlern in dem Kinematikmodell eines Knickarmroboters (Vorwärts- und Rückwärtstransformation) ergeben, daß relativ große Fehlerwerte zu großen Fehlern in der absoluten Positioniergenauigkeit führen, sich aber lokal nur unwesentlich auswirken /45/. Diese Fehler können deshalb mit einem vorlaufenden Sensor kompensiert werden.

4 Konzeption eines schnellen, flexiblen Lichtschnittsensorsystems

4.1 Untergliederung in konfigurierbare Funktionseinheiten

Die Erfahrungen beim Einsatz von Bahnführungssensoren im Bereich des automatisierten Lichtbogenschweißens zeigen, daß die optimale Systemkonfiguration für jeden Anwendungsfall neu zu erstellen ist /13/. Um eine möglichst vielseitige Einsetzbarkeit zu ermöglichen, ist deshalb ein für unterschiedliche Meßaufgaben flexibel konfigurier- bzw. parametrierbares Sensorsystemkonzept erforderlich. Tabelle 4.1 zeigt eine Zusammenstellung hierfür relevanter Aspekte.

Funktionseinheit	relevante Konfigurationsaspekte
optischer Aufbau (Kap. 4.2)	Nennabstand, Meßbereich (lateral, longitudinal), Auflösung, Triangulationswinkel, Abbildungsmaßstab im Nennabstand
Linienprojektion	Laserleistung, Laserwellenlänge, lateraler Meßbereich (Länge der projizierten Linie)
Bildaufnehmer (Kap. 4.3)	CCD-Ansteuerung, Bildfenstergröße, Pixeldimensionen, Taktrate, Pixelanzahl
Signalverarbeitung (Hardware) (Kap. 6.1)	Adaptierbarkeit an unterschiedliche Kamerasysteme (CCD-Ansteuersequenzen, -Auflösung, Pixeltakt), skalierbare Rechenleistung, Datenkompressionsfunktionen, Bildspeicherkapazität
Signalverarbeitung (Software) (Kap. 6.2 - 6.4)	Bedienoberfläche zur einfachen Parametrierung von Meß-, Auswerte- und Kommunikationsfunktionen, freie Programmierbarkeit in einer Hochsprache
Kommunikation	analoge, digitale (binäre, serielle, parallele) Schnittstellen
Zusatzachsen (Kap. 3.1)	zu erfassende Bahnrichtungsänderung, Sensormeßbereich und -vorlauf, mechanische und elektrische Schnittstellen zur Roboterhand bzw. zur RC, RC-interne Optionen zur Ansteuerung von Zusatzachsen

Tabelle 4.1: Funktionselemente und relevante Konfigurationskriterien zur Konzeption eines flexiblen Lichtschnittsensorsystems

Es wird so konzipiert, daß die applikationsspezifisch optimale Systemkonfiguration erstellbar ist. In den nachfolgenden Kapiteln wird jedoch nur auf die wichtigsten und neuen Aspekte bei der Konzeption der einzelnen zu realisierenden Teilkomponenten eingegangen.

4.2 Methodisches Vorgehen zur Auslegung des Sensoraufbaus

Um im gesamten Meßbereich eine in der Schärfenebene des Gauß'schen Bereichs scharfe Abbildung zu erhalten, ist beim Triangulationsaufbau die sogenannte Scheimpflugbedingung /64/ einzuhalten. Diese besagt, daß sich die Laser-, Linsenhaupt- und Bildebene in einer Geraden schneiden müssen (Bild 4.1). Die Transformationsbeziehungen zwischen dem Kamera- und Sensorkoordinatensystem können mit den bekannten Abbildungsgesetzen der geometrischen Optik /65/ gewonnen werden. Für einen Sensoraufbau gemäß Bild 3.3 ergibt sich:

$$x_S = c_2 c_3 \frac{x_{CCD}}{c_2 - y_{CCD}} \quad , \qquad z_S = c_1 \frac{y_{CCD}}{c_2 - y_{CCD}} \tag{4.1a}$$

mit den Konstanten

$$c_1 = \frac{a_0 - f}{\cos\alpha_{Tr}} \quad , \qquad c_2 = \tan(\alpha_{Tr}) f \sqrt{\frac{f^2}{\tan^2\alpha_{Tr}(a_0 - f)^2} + 1}$$

$$c_3 = \frac{a_0 - f}{f} \tag{4.1b}$$

Die meßtechnischen Kenngrößen und damit der geometrische Aufbau der Sensormeßeinheit werden durch den Triangulationswinkel α_{Tr}, den Abbildungsmaßstab β' im Nennabstand sowie die optischen Abbildungsgesetze definiert. Bild 4.2 zeigt ein Kennlinienfeld, aus dem die resultierende Bild- und Gegenstandsweite a_0' und a_0 für verschiedene Kombinationen von Abbildungsmaßstab β' und Linsenbrennweite f ablesbar sind.

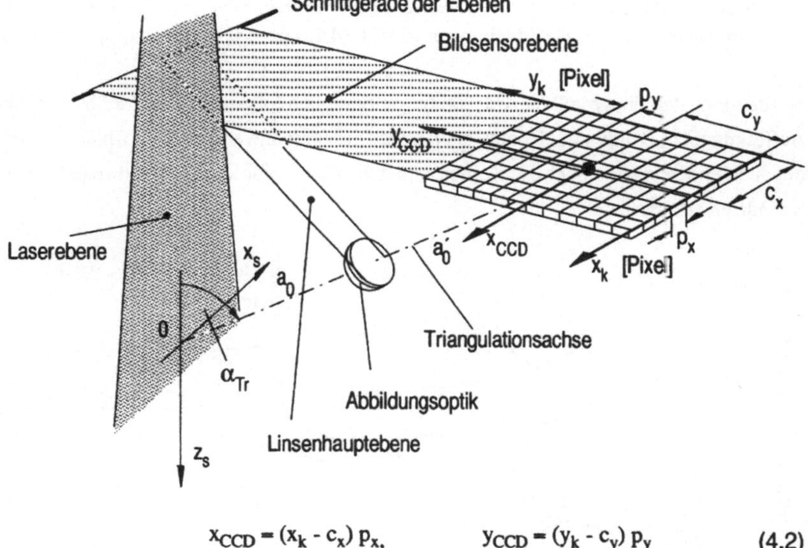

$$x_{CCD} = (x_k - c_x)\, p_x, \qquad y_{CCD} = (y_k - c_y)\, p_y \qquad (4.2)$$

<u>Bild 4.1</u>:   Scheimpflugbedingung und Koordinatendefinitionen beim Lichtschnittsensor

Eine an die Meßaufgabe optimal und flexibel anpaßbare konstruktive Auslegung kann hiermit nach folgenden Schritten erfolgen:

1. Für den gewünschten lateralen Meßbereich $2x_{smax}$ im Nennabstand wird der Abbildungsmaßstab β' bestimmt :

$$\beta' = c_x\, p_x / x_{smax} \qquad (c_x\, p_x = \text{halbe Breite des Bildfensters}) \qquad (4.3)$$

2. Aus dem Kennlinienfeld in Bild 4.2 wird für diesen Abbildungsmaßstab eine Linsenbrennweite gewählt (Schnittpunkt der entsprechenden Kennlinie), mit der sich die im Nennabstand geforderte Gegenstandsweite realisieren läßt.

3. Wahl eines Triangulationswinkels (üblicherweise zwischen 30° und 45°)

4. Mit dem Gleichungssatz (4.1) wird der longitudinale Meßbereich für $y_{CCD} = y_{CCDmax}$ bzw. $y_{CCD} = y_{CCDmin}$ ermittelt. Die longitudinale bzw. laterale Auflösung wird aus den Ableitungen von Gl. (4.1a) nach y_{CCD} bzw. x_{CCD} berechnet.

Für den Fall, daß die gestellten Anforderungen bezüglich longitudinalem Meßbereich und Auflösung nicht erfüllt sind, ist eine alternative Linsenbrennweite oder ein Bildaufnehmer mit anderen Kenndaten oder ein Kompromiß zwischen Anforderungen und realisierbaren Kenndaten erforderlich.

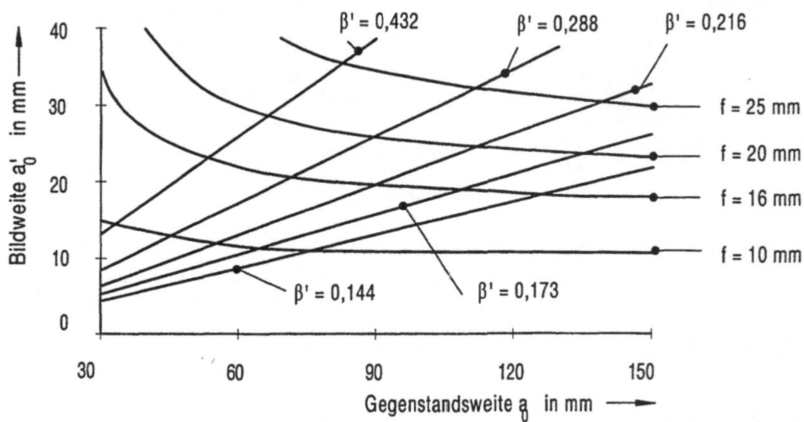

__Bild 4.2:__   Graphische Darstellung der Abbildungsbeziehungen

4.3   Zeitoptimale Bilderfassung mit einem Frametransfer-CCD

Eine zeitoptimale Erfassung von Lichtschnittbildern erfordert eine Belichtung des Bildwandlers mit maximaler Laserleistung und eine direkt im Anschluß an die Integrationsphase erfolgende Ausgabe des Bildes. Die für Kamerasysteme übliche TV-Videonorm ist aufgrund der zyklischen Bildwandlung im 50 Hz-Takt hierzu nicht geeignet. Um die geforderte externe Triggerbarkeit des Meßzeitpunktes zu ermöglichen, muß die Ansteuerelektronik des CCD zusätzlich restartfähig sein. Bild 4.3 zeigt eine für diese Aufgabenstellung entwickelte CCD-Ansteuersequenz. Im Unterschied zu bisherigen restartfähigen Kamerasystemen kann hier über die Zeitdauer des Restartimpulses die Belichtungszeit t_{Bel} beliebig, d. h. auch Werte die größer als die Bildrate im zyklischen Betrieb (Framezeit T_{Frame}) sind, vorgegeben werden. Bei längeren Belichtungszeiten

($t_{Bel} > T_{Frame}$) wird die Taktfrequenz nicht verändert, so daß der Auslesevorgang stets unter konstanten Zeitabläufen erfolgt. Außerdem wird der Bildausleseprozeß direkt nach dem Übergang des Restartsignals auf den Low-Pegel eingeleitet. Hierdurch entstehen keinerlei Verzugszeiten bei der Bilderfassung. Die Laserdiode wird nur während der Integrationszeit (Restart = high) aktiviert, so daß Smearingeffekte während des Bildtransports in die Speicherzone des Frametransfer-CCD vermieden werden.

Die H_{Sync}- bzw. V_{Sync}-Signale dienen zur Zeilen- bzw. Bildsynchronisation mit nachfolgenden Schaltungskomponenten. Der Pixeltakt ermöglicht eine pixelsynchrone Digitalisierung des analogen Videosignals. Nur in diesem Fall ist eine eindeutige und stabile Zuordnung zwischen Pixeladresse und dazugehörendem Videowert und dadurch eine hochgenaue Bildauswertung mit Subpixelauflösung gewährleistet /54/. Die Vorgabe der Belichtungszeit t_{Bel} über die Länge des Restartimpulses ermöglicht eine optimale Anpassung an die aktuellen Reflexionsverhältnisse der Meßoberfläche. In Kap. 5 werden hierfür geeignete Strategien sowie die Möglichkeit zur Steigerung der Meßdynamik untersucht.

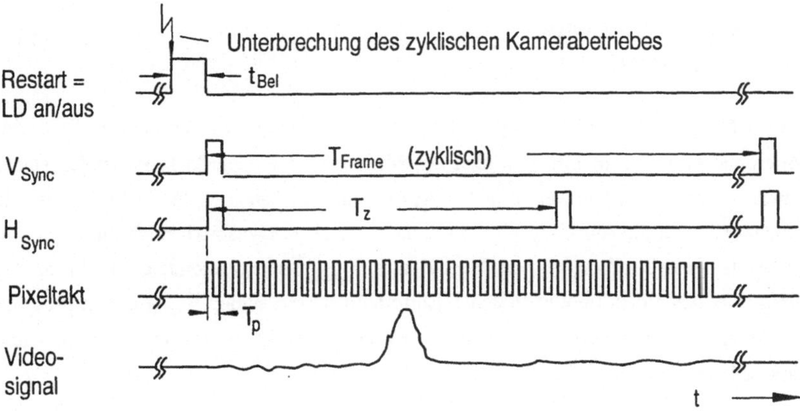

Bild 4.3: Zeitoptimales Restarttiming und Kamerasignale zur pixelsynchronen Signalverarbeitung (T_{Frame} = Bilddauer im zyklischen Betrieb, T_Z = CCD-Zeilendauer, T_p = Pixeltakt)

5   Adaptive Belichtungsverfahren für Lichtschnittsensoren

5.1   Einflußfaktoren auf die Dynamik der Bildsensorsignale

Bei der Reflexion eines auf eine Meßoberfläche einfallenden Lichtstrahls ist zu unterscheiden zwischen den durch den Reflexionsgrad beschriebenen energetischen Eigenschaften und der räumlichen Verteilung der Abstrahlung. In der Regel liegt eine Mischung zwischen einer ideal gerichteten und einer ideal diffusen Reflexion entsprechend einem Lambertstrahler vor. Die Streucharakteristik ist von der Größenverteilung der Streupartikel und der Einfallsrichtung der Strahlung abhängig /66/. Die resultierende Lichterregung kann als Überlagerung einzelner Reflexionen an Oberflächenelementen, die wie konkave bzw. konvexe Spiegel wirken, beschrieben werden /67/. Bild 5.1 zeigt qualitativ die räumliche Abstrahlung rückgestreuter Lichtwellen bei einer punktförmigen Oberflächenbestrahlung. Mit der Reflexionscharakteristik $J(\varphi,\delta)$ ergibt sich am Photodetektor der Strahlungsfluß:

$$\Phi_{CCD} = \int_{Apertur} J(\varphi,\delta)\,d\Omega \tag{5.1}$$

Die Abhängigkeit der Lichtleistung am Empfänger von dem Triangulationswinkel α_{Tr}, der Entfernung a_0 und dem Einfallswinkel des Meßstrahls zur Oberflächennormalen steckt indirekt in den Integrationsgrenzen bei Ausführung des Integrals (5.1). In /13/ wurde ausschließlich für die Abhängigkeit vom Einfallswinkel ein Dynamikbereich für Φ_{CCD} von 1:1000 festgestellt. Wesentlichen Einfluß auf Φ_{CCD} hat insbesondere die Form der Streukeule. Nach dem photometrischen Entfernungsgesetz nimmt Φ_{CCD} quadratisch mit der Entfernung ab, sofern diese größer ist als die zehnfache, größte lineare Abmessung der strahlenden Fläche /68/.

Erweitert man diese Betrachtung entsprechend den Verhältnissen beim Lichtschnittsensor in die zweite Dimension (linienförmige Bestrahlung der Oberfläche), so ist zusätzlich die Ortsabhängigkeit des Sendestrahlungsflusses Φ_{LD}, des Reflexionsfaktors, der Streucharakteristik sowie der Integrationsgrenzen des Raumwinkels, unter dem die reflektierte Strahlung erfaßt wird, zu berücksichtigen.

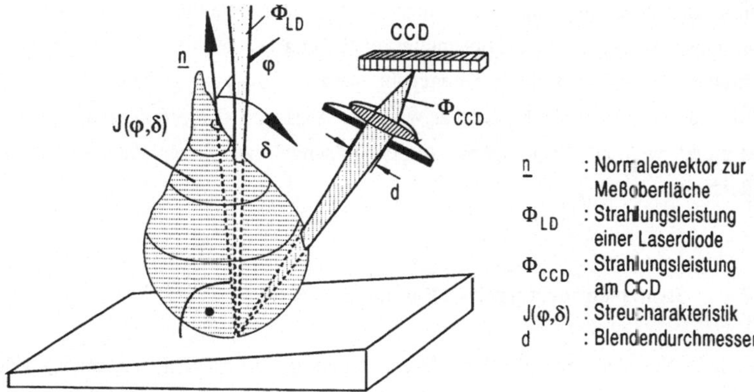

<u>Bild 5.1</u>: Strahlungsverhältnisse bei der eindimensionalen aktiven Triangulation

Bei monochromatischer Strahlung erzeugt eine auf die Fläche eines CCD-Pixels (x_k,y_k) einfallende Strahlleistung $\Phi_{CCD}(x_k,y_k)$ bei konstantem effektivem Photonen-Elektronen-wirkungsgrad $\eta_{Ph,eff}$ innerhalb der Aussteuergrenzen des CCD den Spannungspegel:

$$U_{CCD}(x_k,y_k) = \Phi_{CCD}(x_k,y_k)\, t_{Bel}\, \eta_{Ph,eff}\, \frac{G_A \lambda e}{C_A h c_0} \qquad (5.2)$$

t_{Bel} = Integrationszeit,

$\eta_{Ph,eff}$ = effektiver Photonen-Elektronenwirkungsgrad,

C_A = wirksame Kapazität bei der Ladungs-Spannungs-umsetzung,

G_A = Spannungsverstärkung der Ausgangsstufe,

e = Elementarladung,

h = Planck-Konstante,

c_0 = Lichtgeschwindigkeit,

λ = Lichtwellenlänge

Der effektive Photonen-Elektronenwirkungsgrad $n_{Ph,eff}$ beschreibt hierbei das Verhältnis von photoelektrisch erzeugten Elektronen, die effektiv zum Nutzsignal beitragen, zur Anzahl der eingefallenen Photonen. Es wird davon ausgegangen, daß dieser während der Belichtung konstant ist.

Um den für viele industrielle Meßaufgaben bei starrer Parametereinstellung nicht aus-reichenden Dynamikbereich eines CCD-Bildwandlers (s. Bild 2.18) zu erhöhen, kann somit empfangsseitig die Belichtungszeit t_{Bel}, der effektive Photonen-Elektronen-wirkungsgrad $\eta_{Ph,eff}$ und die Spannungsverstärkung G_A der CCD-Ausgangsstufe an die aktuellen Intensitätsverhältnisse angepaßt werden. $\Phi_{CCD}(x_k,y_k)$ kann weiterhin sende-seitig durch eine global bzw. lokal wirkende Variation der Streifenprojektionsleistung beeinflußt werden. Nachfolgend werden Lösungen zu dieser Adaptionsproblematik untersucht.

5.2   Strategien zur adaptiven Bildaussteuerung

Mögliche Verfahren zur adaptiven Bildaussteuerung für CCD-Bildwandler beim Erfassen von Lichtschnittbildern sowie das Wirkprinzip sind in Tabelle 5.1 zusammengestellt. Es kann zwischen global, d. h. auf ein gesamtes Bild in gleichem Maße, und lokal wirkenden Verfahren unterschieden werden. Eine lokale Anpassungsfähigkeit zeigen Bildsensoren mit einem in Kap. 2 beschriebenen Antibloominggate sowie neuerdings CCD-Elemente, deren Photodioden eine logarithmische Empfindlichkeitskennlinie aufweisen. Diese führt zu einem wesentlich höheren Dynamikbereich /69/. Erste, an Forschungseinrichtungen entwickelte, flächige Bildwandler mit logarithmischer Pixelempfindlichkeit weisen jedoch aufgrund des Platzbedarfs für zusätzlich erforderliche Strukturen um die einzelnen Photodioden eine geringe sensitive Fläche von nur 46% und eine zu geringe Zeilen- bzw. Spaltenanzahl (64x64) auf /52/, um einen ausreichenden Meßbereich bzw. eine ausreichende Auflösung realisieren zu können.

Transmissionsfilter im Empfangs- oder Sendestrahlengang mit lokal steuerbarer Trans-mission $\tau(x_k)$ auf Basis von Flüssigkristallen sind aufgrund der noch zu hohen Schaltzei-ten (> 20 ms) ebenfalls nicht brauchbar.

Eine Linienprojektion mit lokal steuerbarer Intensität erfordert eine arrayartige An-ordnung von Lichtquellen (z. B. Laserdioden), die einzeln elektrisch ansteuerbar sind. Laserdiodenarrays wurden von der Halbleiterindustrie zur Erzielung hoher optischer Ausgangsleistungen bereits realisiert /70/. Deren Arrayelemente sind derzeit jedoch nicht einzeln ansteuerbar.

Global wirkende Adaptionsgrößen sind die Blende, die Laserleistung, die Belichtungszeit und die Spannungsverstärkung der Ausgangsstufe. Eine Blendenregelung ist mit er-höhtem mechanischen Aufwand verbunden (Stellachse) und für schnelle Anpassungen nicht geeignet. Um möglichst kurze Belichtungszeiten zu erreichen, ist einer Laser-leistungsregelung die Regelung der Belichtungszeit bei maximaler Laserleistung vorzu-ziehen.

Die Problematik aller Belichtungsadaptionsverfahren, die derzeit nicht onchip auf dem CCD realisiert sind, liegt bei der Durchführung einer zeitoptimalen Lichtschnittmessung entsprechend Bild 4.3 darin, daß der augenblickliche Belichtungszustand nach einem er-folgten Restart als Istgröße nicht verfügbar ist. Weitere Untersuchungen müssen sich des-halb mit diesem Mangel befassen.

adaptive Bildaussteuerverfahren für CCD-Bildwandler	
lokal wirkend	global (bildbezogen) wirkend
* Antibloominggate $\quad \eta_{Ph.eff} \approx 0$ $\qquad$ für $Q > Q_{max}$ * logarithmische Em- $\quad$ pfindlichkeit $\quad \eta_{Ph.eff} \sim \ln\Phi_{CCD}$ * Transmissionsfilter $\quad \Phi_{CCD} \sim \tau(x_s)$ * Linienprojektion $\quad$ mit lokal steuer- $\quad$ barer Intensität $\quad \Phi_{LD} = f(x_s)$	* automatische Verstärkungsregelung $\quad$ (AGC) $\qquad G_A = f(\bar{U})$ * Blendenregelung $\quad$ d $\quad = f(\bar{U})$ * Leistungsregelung $\quad \Phi_{LD} = f(\bar{U})$ * Belichtungszeit- $\quad$ regelung $\qquad t_{Bel}$

Tabelle 4.1: Verfahren zur adaptiven Bildaussteuerung ($\bar{U}$ = mittlere Ausgangs-spannung am Bildsensor, Q = Pixelladung, Q_{max} = maximale Pixelladung)

5.3 On-line-Erfassung des Belichtungszustandes

Aus /71/ ist für das eindimensionale Triangulationsverfahren eine On-line-Erfassung des Belichtungszustandes mittels eines zusätzlichen, in den Empfangsstrahlengang integrier-ten, zeitkontinuierlich arbeitenden Photodetektors bekannt. Auf das Lichtschnittverfahren übertragen ermöglicht diese Lösung jedoch nur eine globale Erfassung der Intensitäts-verhältnisse. Eine Lösung dieser Problematik bildet der Einsatz eines arrayartigen Zusatzsensors, so daß einzelne Teilbereiche des Lichtschnittes getrennt erfaßt werden (Bild 5.2) /72/. Hierzu dient eine lineare Anordnung von Photodioden. Wird deren aktive

Fläche an die Bildfensterdimensionen angepaßt, so ist außer einem Strahlteiler keine zusätzliche Abbildungsoptik erforderlich.

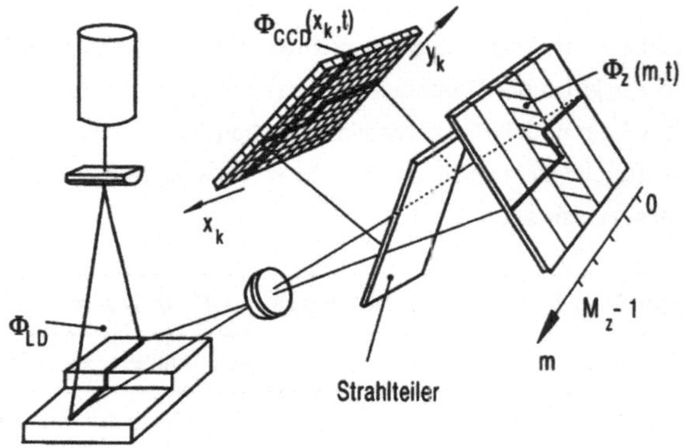

Bild 5.2: Ortsauflösender Zusatzsensor zur On-line-Erfassung des Belichtungszustandes

Um zeilenindividuelle Belichtungsinformationen zu erhalten, ist pro CCD-Zeile ein
Zusatzsensorelement erforderlich. Da sich größere Intensitätsschwankungen in der Regel
über mehrere Zeilen hinweg vollziehen, ist es sinnvoll, pro Zusatzsensorelement mehrere
CCD-Zeilen abzudecken. Die Korrespondenzbeziehung zwischen dem vom m-ten Zu-
satzsensorelement empfangenen Strahlungsfluß $\Phi_Z(m,t)$ und der auf die q zugehörigen
CCD-Zeilen einfallenden Strahlungsleistung $\Phi_{CCD}(x_k,t)$ lautet:

$$\Phi_Z(m,t) \sim \sum_{x_k=mq}^{(m+1)q} \Phi_{CCD}(x_k,t) \quad , m = 0...M_Z-1 \tag{5.3}$$

(M_Z = Zahl der Zusatzsensorelemente, q = CCD-Zeilenanzahl pro Zusatzsensorelement).

$\Phi_Z(m,t)$ erzeugt einen Photostrom, der über die Belichtungszeit integriert ein Maß für die
auf die zugehörigen CCD-Zeilen eingefallene Energie ist:

$$u_Z(m,t) \sim \int_0^t \Phi_Z(m,\tau) \, d\tau \qquad (5.4)$$

Innerhalb des linearen Aussteuerbereichs des Kamerasystems ist

$$u_Z(m,t_{Bel}) \sim \overline{S}(m) = \sum_{x_k=mq}^{(m+1)q} S(x_k) \qquad (5.5)$$

mit der Grauwertzeilensumme

$$S(x_k) = \sum_{y_k=1}^{y_{max}} g(x_k,y_k) \qquad (5.6)$$

$(g(x_k,y_k) = $ Grauwertstufe der Pixelkoordinate x_k, y_k).

$u_z(m,t)$ stellt eine zeitkontinuierliche Zustandsgröße dar, die zur Adaption der Belichtungszeit dienen kann.

5.4 Versuchsaufbau zur On-line-Erfassung des Belichtungszustandes

Die experimentellen Untersuchungen zur On-line-Erfassung des Belichtungszustandes erfolgten mit einem gemäß Bild 5.3 gezeigten Sensoraufbau. Der als Bildsensor eingesetzte Frametransfer-CCD Th7852 /73/ weist eine Halbbildauflösung von 144 Zeilen und 208 Spalten auf einer aktiven Fläche von 4,3 x 5,8 mm auf. Die Ansteuerung des CCD erfolgt entsprechend dem in Bild 4.3 aufgezeigten Timingdiagramm. Als Zusatzsensor dient ein Photodiodenarray aus acht rechteckförmigen Elementen, welches ein zum CCD-Sensor nahezu identisches Bildfenster aufweist, so daß keine zusätzliche Abbildungsoptik erforderlich ist. Zur Bildsignalverarbeitung wurde eine in Kap. 6 näher beschriebene Einheit entwickelt, die eine pixelsynchrone A/D-Wandlung der Bilddaten sowie über Analogkanäle das Einlesen der Zustandsgrößen $u_Z(m,t)$ ermöglicht. Die Laserdiode wurde gemäß Bild 4.3 nur während der Bildintegrationszeit mittels eines TTL-Signals aktiviert.

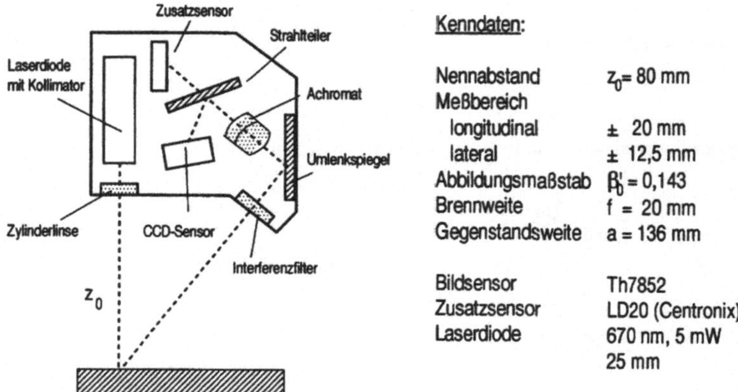

Bild 5.3: Sensorkopf zur On-line-Erfassung des Belichtungszustandes

Bild 5.4 zeigt die experimentell ermittelte Belichtungszeit- und Entfernungsabhängigkeit einer Zustandsgröße $u_z(m,t)$ und der Summe aller zum entsprechenden Zusatzsensorelement gehörenden Pixelgrauwerte. Die Messungen bestätigen die erwartete Linearität in der Belichtungszeit. Das Verhältnis der Geradensteigungen $k(m)$ bleibt bei unterschiedlichen Oberflächen erhalten, ist jedoch aufgrund von Bauteiltoleranzen für die M_z Teilbereiche für jeden Teilbereich separat zu ermitteln. Dies kann in einer Systemrealisierung automatisch mittels einer einmalig durchzuführenden Eichmessung einer ebenen, gut streuenden Meßoberfläche mit homogenen Reflexionseigenschaften erfolgen. Der Einfluß von Dunkelströmem der Photodioden kann rechnerisch kompensiert werden.

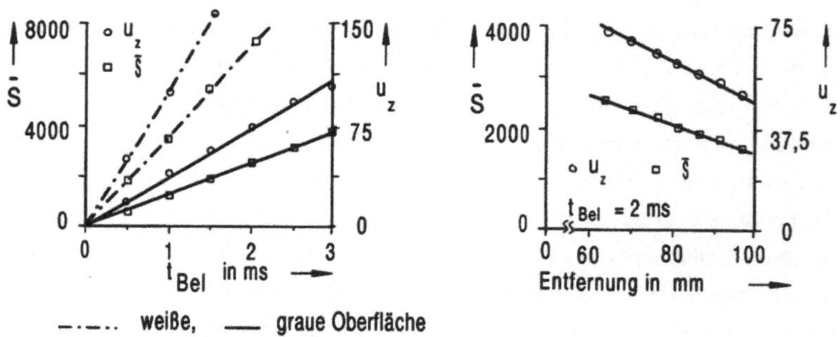

Bild 5.4: Zeit- und Entfernungsabhängigkeit der Zustandgrößen $u_z(m,t)$ und der zugehörigen CCD-Summenintensitäten

5.5   Adaption der Belichtungszeit und automatische Mehrfachbelichtung

Um eine adaptive Belichtung realisieren zu können, deren Ziel es ist, möglichst innerhalb jeder CCD-Zeile den Signalpegel im zulässigen Aussteuerbereich zu halten, müssen in weiteren Untersuchungen die Aussteuergrenzen der Bilderfassung ermittelt und in Zusammenhang mit den Zustandsgrößen $u_z(m,t_{Bel})$ gebracht werden. Hierzu wurden mit dem Versuchsaufbau die Schwerpunktslage der reflektierten Laserlinie pixelsynchron ermittelt und deren Streubreite σ_{SWP} nach /74/ (400 Wiederholmessungen), die Drift Δ_{SWP} der Schwerpunktslage, der maximale Zeilengrauwert $g_{max}(x_k)$ und die Summe $S(x_k)$ aller Pixelgrauwerte einer Zeile für unterschiedliche Belichtungszeiten bestimmt. Die Ergebnisse wurden über $S(x_k)$ aufgetragen (Bild 5.5), da diese Größe physikalisch der absorbierten Strahlungsenergie der CCD-Zeile entspricht und somit einen Vergleich mit den Zustandsgrößen $u_z(m,t_{Bel})$ ermöglicht.

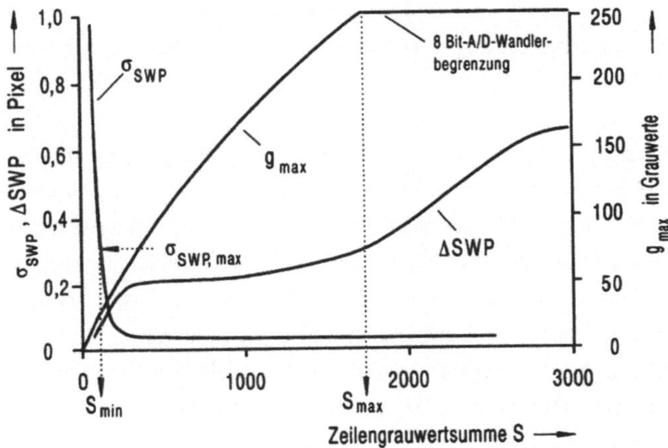

<u>Bild 5.5</u>:   Streubreite, Schwerpunktsdrift und maximaler Zeilenvideowert in Abhängigkeit der CCD-Zeilengrauwertsumme

Die Schwerpunktsberechnung ist bei kleinen Werten der Zeilensumme aufgrund des nur geringfügig über dem Rauschsignal liegenden Nutzsignalpegels starken Streuungen unterworfen, welche jedoch mit zunehmender Bestrahlung auf Werte von ca. 0,05 Pixel zurückgehen. Weiterhin ist mit zunehmendem $S(x_k)$ eine Drift der Schwerpunktslage festzustellen. Ursachen hierfür sind:

- Ladungstransportverluste, die beim Transfer der Ladungspakete in die Ausgangsstufe des CCDs aufgrund eines nicht idealen Transportwirkungsgrades entstehen und

- endliche Anstiegszeiten der nachfolgenden Signalverarbeitungselektronik.

Dies führt zu einer orts- und signalpegelabhängigen Verschleppung und Verschleifung des Bildsignals. Eine weitere Ursache für Schwerpunktverschiebungen sind unsymmetrische Pupillenausleuchtungen der Empfangsoptik /86/.

Aus den Kenndaten in Bild 5.5 kann der Aussteuerbereich des Gesamtsystems (Bilderfassung und -auswertung) ermittelt werden. Die minimale Aussteuergrenze S_{min} ergibt sich beispielsweise aus der maximal zulässigen Streuung der Schwerpunktslage. S_{max} resultiert aus der Zeilensummenintensität, bei der das Videosignal $g_{max}(x_k)$ die obere Aussteuergrenze der nachfolgenden Schaltungskomponenten (z. B. 8 Bit A/D-Wandler) erreicht. Je nach Genauigkeitsanforderungen können diese Grenzen auch durch die Vorgabe eines maximal zulässigen Toleranzbandes um die Schwerpunktsverschiebung bestimmt werden.

Das Verhältnis S_{max}/S_{min} beschreibt den verfügbaren Dynamikbereich der Bildauswertung ohne Belichtungsadaption. Für den Versuchsaufbau ergibt sich ein Wert von lediglich 17-20. Durch die Berücksichtigung der detektierbaren Lagegenauigkeit eines Lichtstreifens ergibt sich aufgrund obiger Effekte verglichen mit dem Dynamikbereich des CCD im Bildkontrast (ca. 1000:1) ein wesentlich geringeres Aussteuerverhältnis. Der Dynamikbereich der Belichtungsadaption ist durch das Verhältnis $(S_{max}/S_{min})(t_{Belmax}/t_{Belmin})$ gegeben, wobei die maximale Belichtungszeit durch den Einfluß von Dunkelströmen des CCD und die minimale Belichtungszeit durch den Regeltakt begrenzt sind.

Eine Sollgröße für $u_Z(m,t)$ ist gegeben durch:

$$u_{Z,Soll}(m) = k(m)\, q\, S_{opt} \qquad \text{mit } S_{min} < S_{opt} < S_{max}. \tag{5.7}$$

Die "optimale" Zeilensumme S_{opt} bestimmt bei Intensitätsschwankungen innerhalb des abgebildeten Lichtstreifens die zulässigen Extremverhältnisse. Für S_{opt} nahe bei S_{max} darf nur innerhalb weniger Zeilen ein niedriger Signalpegel vorliegen, um in den verbleibenden Zeilen des entsprechenden Photoelementbereichs keine Überstrahlung zu verursachen.

Wählt man hingegen S_{opt} nahe bei S_{min}, so dürfen nur wenige Zeilen einen hohen Signal-pegel aufweisen, da ansonsten hiervon nicht betroffene Zeilen unterbelichtet werden. Mit

$$S_{opt} = \frac{S_{max} + S_{min}}{2} \qquad (5.8)$$

wird beiden Extremfällen in gleichem Maße Rechnung getragen.

Zur Belichtungsadaption der M_Z Teilbereiche mit Hilfe der Zustandsgrößen $u_Z(m,t)$ sind folgende Strategien möglich:

1. Parallele Adaption aller Teilbereiche durch Einsatz eines Linienprojektors mit lokal innerhalb der projizierten Laserlinie steuerbarer Intensität.

2. Sequentielle Adaption der Belichtungszeit, indem eine erste Teilmessung abge-schlossen wird, sobald eine der Zustandsgrößen $u_Z(m,t)$ ihren Sollwert erreicht hat und nach einer noch zu ermittelnden Strategie in nachfolgenden Teilmessungen noch nicht ausreichend ausgesteuerte Lichtschnittbereiche erfaßt werden. Die Gesamt-messung wird anschließend aus den Teilmessungen generiert.

Das zweite Verfahren ist für Messungen in Echtzeit nur dann brauchbar, wenn die notwendige Gesamtmeßzeit hinreichend klein ist ($T_{Mess} < 6$ ms gemäß Tabelle 2.2). Untersuchungen mit dem Versuchsaufbau an typischen, in der Praxis vorkommenden Konturen ergaben, daß je nach Oberfläche und Geometrie in der Regel nicht mehr als zwei Teilbelichtungen mit Belichtungszeiten zwischen 0,1 und 3 ms erforderlich sind. Da die Funktionsweise des Frametransfer-CCD direkt im Anschluß an den Ladungstransport des 1. Teilbildes von der Bild- in die Speicherzone (Zeitbedarf ca. 100 µs) eine 2. Belichtung ermöglicht, sind die entstehenden Verzugszeiten tolerierbar. Außerdem er-laubt das Bildausleseprinzip beim Frametransfer-CCD bei entsprechender Ansteuerung ein gezieltes Auslesen einzelner CCD-Zeilen, so daß bei Nachfolgemessungen nicht je-desmal das gesamte Bild ausgelesen werden muß /51/. Die weiteren Untersuchungen konzentrieren sich deshalb und aufgrund des Mangels geeigneter Elemente zur Realisierung einer Linienprojektion mit lokal steuerbarer Intensität auf dieses Adaptions-verfahren.

Das Verbesserungspotential der Mehrfachmessung sei am Beispiel der Messung eines Halbzylinders demonstriert. Zu der in Bild 2.18 gezeigten Messung wurde eine weitere, in Bild 5.6 gezeigte Bildaufnahme mit einer Belichtungszeit von 2 ms durchgeführt. Aus diesen beiden Teilmessungen kann ein Gesamtprofil generiert werden (s. Bild 5.7). Die alleinige Auswertung von Bild 5.6 würde im Zentrum des Profilschnittes zu einem Meßfehler führen, während die erste Teilmessung in den äußeren Bereichen keinen ausreichenden Signalpegel aufweist.

Die Möglichkeiten zur Durchführung einer adaptiven Mehrfachmessung sind:

1. Sequentielle Adaption der Belichtungszeit für alle M_Z Bildbereiche in aufeinanderfolgenden Teilmessungen. Diese Strategie erfordert M_Z Teilbilder und ist insofern nicht zeitoptimal, als daß durchaus auch mehrere Teilbereiche innerhalb einer Bildaufnahme korrekt ausgesteuert sein können.

2. Ermittlung aufeinanderfolgender Teilmessungen aus einer Analyse der Signalverhältnisse im ersten Videobild der Profilschnittmessung. Diese Strategie ist aufgrund des hierfür erforderlichen Rechenaufwandes und den damit verbundenen Verzögerungen bei der Durchführung von Nachfolgemessungen nicht echtzeitfähig.

3. Rekursive (gesteuerte) Belichtung aufeinanderfolgender Teilmessungen in Abhängigkeit der vorangegangenen Belichtungszeit nach der Vorschrift:

1. Bild geregelt : $t_{Bel}(1)$ so, daß für mindestens ein Zusatzsensorelement
$u_z(m, t_{Bel}) = u_{z,soll}$

weitere Bilder gesteuert: $t_{Bel}(k+1) = t_{Bel}(k)\, S_{max} / S_{min}\ (k > 1)$ $\hspace{2cm}$ (5.9)

und Vorgabe eines Abbruchkriteriums (z. B. eine maximal zulässige Anzahl von Teilmessungen).

Hinter der Rekursionsvorschrift nach Gleichung (5.9), die die zeitoptimalste Lösung darstellt, steckt der Gedanke, die Belichtungszeit so zu erhöhen, daß CCD-Zeilen, die in einer vorangegangenen Messung knapp unterhalb der unteren Aussteuergrenze S_{min} lagen, in der nachfolgenden Messung nicht übersteuert werden. Der Zusatzsensor dient hier lediglich zur adaptiven Ermittlung eines Startwertes für $t_{Bel}(1)$.

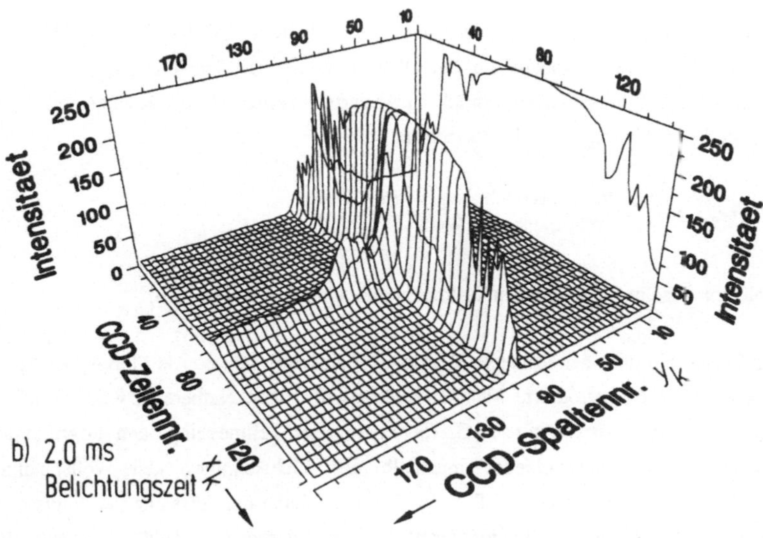

Bild 5.6: Intensitätsbild der Messung eines metallischen Halbzylinders mit $t_{Bel} = 2$ ms bei ansonsten gleichen Meßbedingungen wie in Bild 2.18

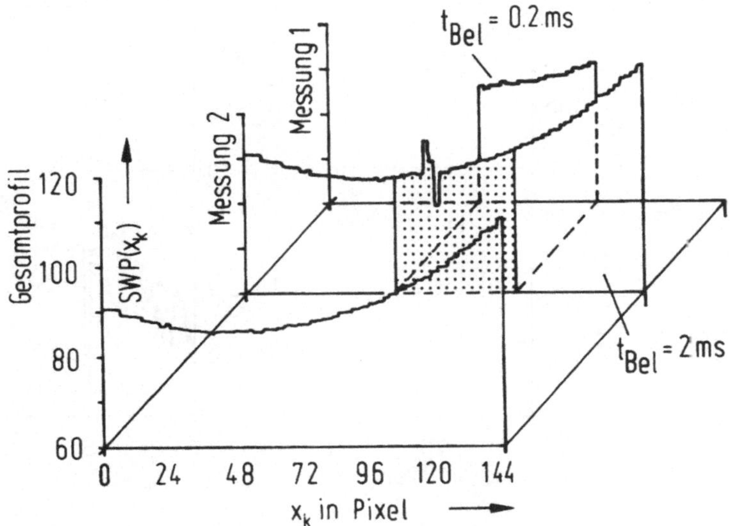

Bild 5.7: Aus Bild 2.18 und Bild 5.6 generierter Profilschnitt im Bereich der Metall-oberfläche des dargestellten Meßobjekts

Als Entscheidungskriterium für eine korrekt ausgesteuerte CCD-Zeile kann die Zeilensumme $S(x_k)$ dienen, indem nur bei Überschreitung der Schwelle S_{min} eine Auswertung erfolgt. Für bereits erfolgreich ausgewertete Zeilen ist eine Kennzeichnung in einem Merkerfeld $bel(x_k)$ nach der Vorschrift

$$bel(x_k) = \begin{cases} 1 & \text{für erfolgreich ausgewertete Zeilen} \\ 0 & \text{vorinitialisierter Wert} \end{cases} \qquad (5.10)$$

innvoll, um diese in nachfolgenden Teilmessungen ignorieren zu können.

Bild 5.8 zeigt ein nach der Strategie 3 erzieltes Versuchsergebnis. Als Meßobjekt diente eine V-Naht, deren korrodierte Metalloberfläche im rechten Nutbereich weiß grundiert wurde. Mittels einer einzelnen nach Gl. (5.7) geregelten Teilmessung kann aufgrund des extremen Reflexionsunterschiedes innerhalb des Lichtschnittes kein vollständiger Profilschnitt erfaßt werden (Bild 5.8a). Zur Verdeutlichung der Aussteuerverhältnisse ist zusätzlich der maximale Zeilenvideowert $g_{max}(x_k)$ dargestellt. Bild 5.8b zeigt das Meßergebnis bei einer nach Gl. (5.9) automatisch durchgeführten Mehrfachbelichtung. Mittels einer zweiten Teilmessung konnten die noch fehlenden Bereiche erfaßt werden.

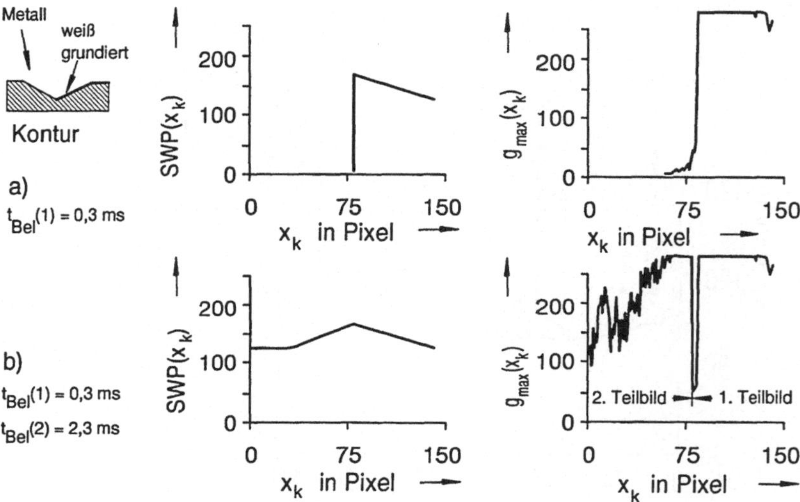

Bild 5.8: Automatische Mehrfachbelichtung am Beispiel einer V-Naht mit extrem unterschiedlicher Oberflächenbeschaffenheit (linker Nutbereich: korrodierte Metalloberfläche, rechter Nutbereich: weiß grundiert)

6 Strategien zur schnellen, mehrdimensionalen Signalverarbeitung

6.1 Datenreduktion zur Redundanzvermeidung

Der relativ geringe Informationsgehalt in Lichtschnittbildern - die Lage des Lichtstreifens wird nur durch wenige Pixel definiert - legt die Entwicklung effizienter Algorithmen zur Datenreduktion nahe. Um die Auswertegeschwindigkeit zu steigern, sollten diese aus Grundfunktionen bestehen, die mit geringem Aufwand in Form einer festverdrahteten Logikschaltung realisierbar sind. Tabelle 6.1 zeigt mögliche Datenverdichtungsverfahren sowie eine Beurteilung der Realisierbarkeit in Hardware und deren Eignung zur Konturlagenermittlung mit Subpixelauflösung. Letztere Eigenschaft ist insbesondere deshalb interessant, weil sich die erforderliche CCD-Zeilen- bzw. -Spaltenanzahl entsprechend der erreichbaren Subpixelauflösung reduziert und dadurch kürzere Bildauslesezeiten möglich sind.

Auswertemethode	Realisierbarkeit durch eine Logikschaltung (Hardware)	Subpixelauflösung (longitudinal)
Binärbilderzeugung	0	-
Zeilenmaximumdetektion	+ +	-
Gradientenauswertung	-	-
Korrelationsverfahren	- -	+ +
Schwerpunktsbestimmung	+	+

(+ + : geeignet, ... , - - : ungeeignet)

Tabelle 6.1: Beurteilung von Methoden zur Streifenlagenbestimmung in Lichtschnittbildern

Die bereits in Kap. 2 erläuterten Auswerteverfahren "Binärbilderzeugung" bzw. "Zeilenmaximumsdetektion" arbeiten im Pixelraster. Dies gilt auch für eine diskrete zeilenorientierte Suche des maximalen Gradienten im digitalisierten Videosignal.

Die digitale Bestimmung des Zeilenmaximums besteht im wesentlichen aus einer Vergleichsoperation, die in Form eines integrierten Schaltkreises (IC) bereits verfügbar ist.

Die Schwellwertoperation zur Binärbilderzeugung ist aufgrund des dynamisch an den Signalpegel anzupassenden Schwellwertes für eine Umsetzung in eine festverdrahtete Schaltung weniger geeignet.

Korrelationsverfahren ermitteln in Abhängigkeit der Relativverschiebung zweier Signalformen einen Korrelationswert, welcher ein Maß für die Identität derselben darstellt. Da sowohl die Relativverschiebung rechnerisch in beliebig kleinen Schritten erfolgen, als auch a-priori-Wissen über die zu erwartende Signalform eingebracht werden kann, versprechen auf einer Korrelationsvorschrift beruhende Verfahren höchste Auflösungen im Subpixelbereich und auch höchste Absolutgenauigkeiten /75/. Die notwendigen Algorithmen sind jedoch aufgrund der zu berechnenden Kreuzprodukte sehr rechenintensiv und damit ungeeignet zur Verarbeitung von 2D-Bilddaten bei hohen Echtzeitanforderungen. Eine festverdrahtete Logikschaltung ist nur mit hohem Aufwand realisierbar.

Eine Zeilenschwerpunktsberechnung als weitere Alternative zur Streifenlagenbestimmung erfordert die Bestimmung der beiden Terme $S(x_k)$ (Gl. (5.7)) und

$$SY(x_k) = \sum_{y_k=1}^{y_{kmax}} g(x_k,y_k)y_k \tag{6.1}$$

Der Zeilenschwerpunkt SWP ergibt sich durch die Division:

$$SWP(x_k) = SY(x_k) \,/\, S(x_k) \tag{6.2}$$

Die Algorithmen zur Bestimmung von $S(x_k)$ und $SY(x_k)$ sind relativ einfach in eine festverdrahtete Schaltung umsetzbar, da für einzelne Teilfunktionen (digitale Summation und Multiplikation/Akkumulation) integrierte Schaltkreise verfügbar sind, die eine schritthaltende Verarbeitung im Pixeltakt ermöglichen. Die Division in Gleichung (6.2) der direkt nach jedem Zeilenende verfügbaren Werte $S(x_k)$ und $SY(x_k)$ kann parallel zu diesen Auswertealgorithmen in einem Mikrorechner erfolgen, der ohnehin zur weiteren Signalverarbeitung benötigt wird. Die Konturgeometrie liegt somit direkt nach Beendigung des Bildauslesevorgangs in Kamerakoordinaten vor.

Bild 6.1 zeigt das Untersuchungsergebnis einer pixelsynchronen Schwerpunktsberechnung von Bilddaten, die mit dem in Kap. 5 beschriebenen Sensoraufbau beim Messen

berechnung von Bilddaten, die mit dem in Kap. 5 beschriebenen Sensoraufbau beim Messen einer ebenen Werkstückoberfläche gewonnen wurden. Eine statistische Analyse ergibt für Wiederholmessungen eine empirische Standardabweichung von ca. 0,05 Pixel. Dieser Wert stellt eine untere Grenze für die erreichbare longitudinale Auflösung dar. Die lokalen Schwankungen der Schwerpunktsdaten innerhalb des Profilschnittes in Bild 6.1 sind auf den variierenden Signalpegelverlauf innerhalb der einzelnen CCD-Zeilen zurückzuführen. Ursachen hierfür sind orts- und signalpegelabhängige Transportverluste (s. Kap. 5), endliche Anstiegszeiten der Signalverarbeitungselektronik, aber auch Speckleerscheinungen /67/. Diese Effekte führen zu Meßfehlern, die im Versuchsaufbau innerhalb eines Toleranzbandes von ±0,25 Pixel liegen. Makroskopisch ortsvariante Reflexionseigenschaften können aufgrund der für diese Messung verwendeten homogenen, gut streuenden Meßoberfläche ausgeschlossen werden. Die leichte Krümmung des Toleranzbandes deutet auf Abbildungsfehler der Optik hin. Sie kann rechnerisch berücksichtigt werden.

Transformiert man die erzielten Kenngrößen in Sensorkoordinaten (GL. (5.1)), so ergibt die Zeilenschwerpunktsbestimmung eine Meßunsicherheit von <0,1 mm und eine maximale Auflösung von 0,01mm (longitudinal). Dieses Verfahren ermöglicht somit eine schnelle und eine für den angestrebten Sensoreinsatz ausreichend genaue Auswertung von Lichtschnittbildern. Die Meßunsicherheit kann bei Bedarf durch eine Änderung des optischen Abbildungsmaßstabes noch verbessert werden.

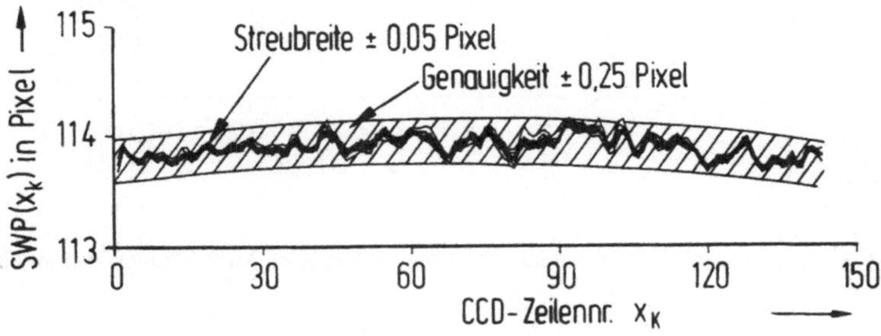

Bild 6.1: Streubreite und Genauigkeit einer Streifenlagendetektion durch Zeilenschwerpunktsbestimmung

Wie bereits in Kap. 2 erläutert, muß die Signalverarbeitung auch eine kombinierte Auswertung von sowohl Grauwert- als auch Geometrieinformationen unterstützen, um bei der Konturlagenbestimmung auch eventuell vorhandene, ausgeprägte Reflexionsmerkmale der Meßoberfläche berücksichtigen zu können. Beispielhaft sei die Meßaufgabe, eine auf eine Werkstückoberfläche aufgetragene Markierung zu erfassen, genannt.

Eine die Intensitätsverhältnisse im abgebildeten Lichtstreifen hinreichend repräsentierende Größe bildet der maximale Grauwert $g_{max}(x_k)$ innerhalb jeder CCD-Zeile. Durch eine Analyse dieses Signals kann neben der Erkennung markanter Reflexionseigenschaften der Meßoberfläche die laterale Auflösung erhöht werden. Bild 6.2 zeigt eine entsprechende Messung, bei der die resultierende Schwerpunktslage $SWP(x_k)$ und der maximale Zeilenvideowert $g_{max}(x_k)$ eines Stumpfstoßes mit einer Spaltbreite, die im Bereich der lateralen Auflösung liegt, dargestellt ist. Ein Signaleinbruch im Bereich der Spaltlage ist hier nur noch in den Intensitätsdaten $g_{max}(x_k)$ erkennbar, während die Schwerpunktsdaten $SWP(x_k)$ die erwartete Lücke nicht mehr auflösen.

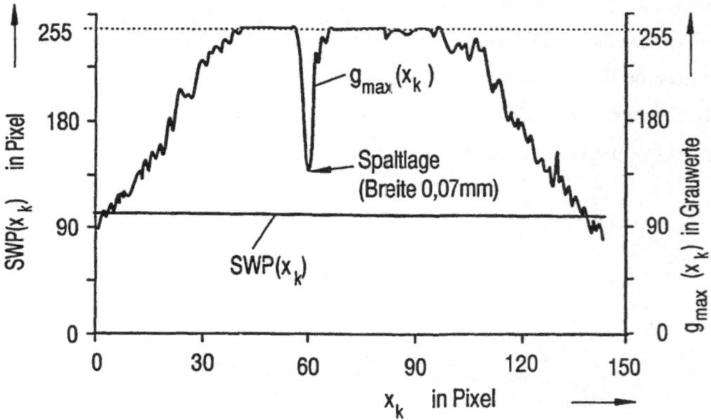

<u>Bild 6.2</u>: Schwerpunktslage und maximaler Videowert beim Messen eines Stumpfstoßes

6.2   Plausibilitätskontrolle der komprimierten Meßdaten

Eine Zeilenschwerpunktsberechnung führt nur dann zu sinnvollen Werten für die Streifenlage, wenn die Bildaufnahme korrekt belichtet wurde und keine Störreflexionen wie z. B. Glanzlichterscheinungen auftreten. Diese Datenreduktionsstrategie ist deshalb aus

Sicherheitsgründen nur brauchbar, wenn schnelle Kontrollmechanismen eine Plausibilitätsprüfung der komprimierten Daten ermöglichen.

Die Spaltenposition $y_{gmax}(x_k)$ des maximalen Zeilenvideowertes bildet eine geeignete Kontrollgröße /76/. Sie muß bei korrekter Belichtung und Auswertung nahezu identisch mit der Schwerpunktslage sein. Liegt der Zeilenschwerpunkt nicht innerhalb eines Toleranzbereichs um $y_{gmax}(x_k)$, so deutet dies auf einen Fehler hin. Diese Plausibilitätsprüfung kann im Mikrorechner sehr schnell durchgeführt werden. Die Spaltenposition $y_{gmax}(x_k)$ fällt ohnehin als Nebenprodukt bei der Bestimmung des maximalen Zeilenvideowertes an. Sie kann sehr einfach durch eine festverdrahtete Schaltung bestimmt werden. Die Mächtigkeit dieser Kontrollfunktion sei im folgenden demonstriert. Bild 6.3 zeigt den Toleranzbandtest zu der in Bild 2.17 dargestellten Lichtschnittmessung. Die berechnete Schwerpunktslage liegt hier innerhalb des Toleranzbandes (Breite ± 2 Pixel). Bild 6.4 verdeutlicht die Intensitätsverhältnisse, wenn zusätzlich zum diffus reflektierten Anteil ein Störlichtpegel im Bildfenster vorliegt. Die fehlerhaften Schwerpunktslagen können durch den Toleranzbandtest detektiert werden. Die nur in wenigen Zeilen erfolgreich gelaufene Auswertung ist auf eine der Schwerpunktsberechnung vorangestellte Rauschsignalunterdrückung durch eine Schwellwertoperation mit der Grauwertstufe 50 zurückzuführen. Bild 6.5 verdeutlicht die Verhältnisse im Falle einer Überstrahlung des Bildsenors. Auch diese Fehler werden detektiert.

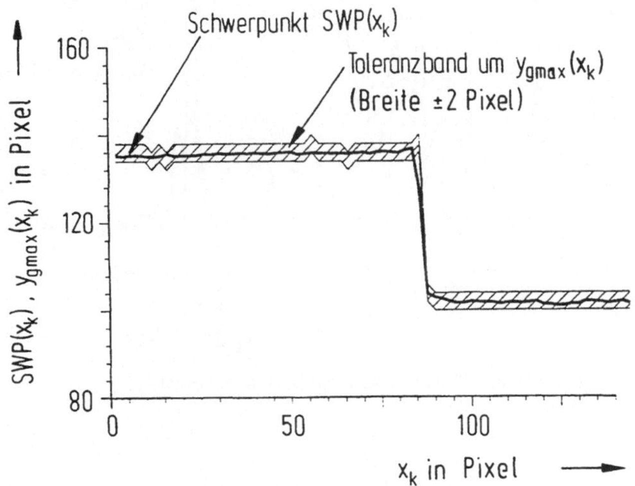

<u>Bild 6.3</u>: Toleranzbandtest zur Lichtschnittmessung von Bild 2.17

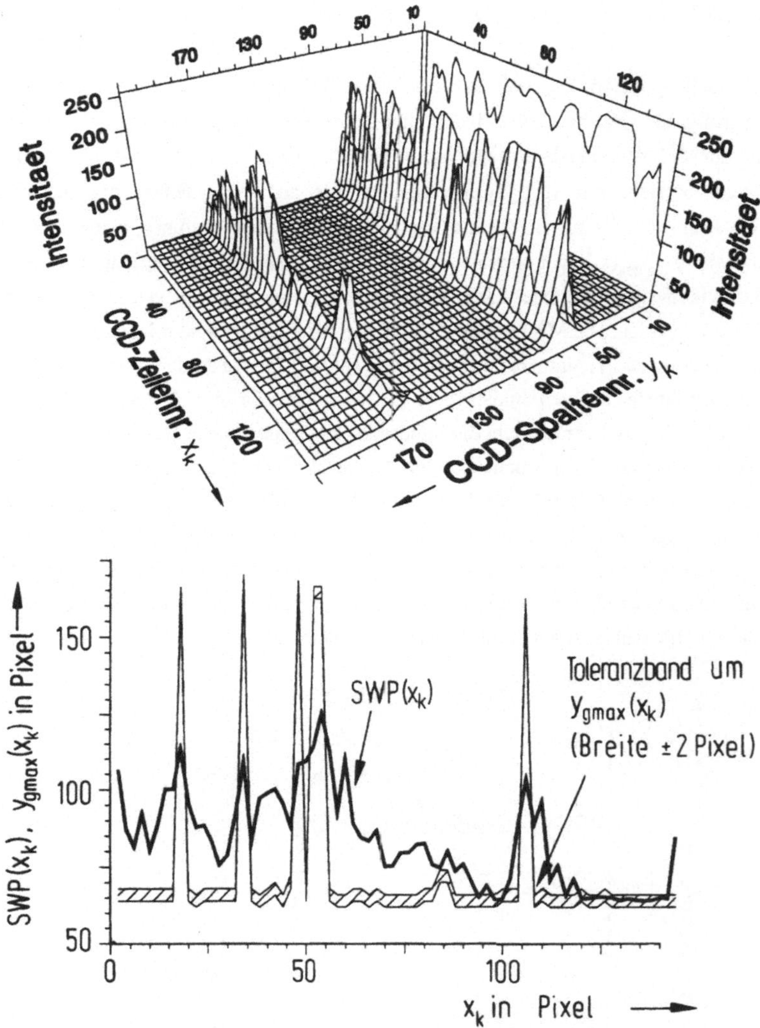

Bild 6.4: Intensitätsbild und Toleranzbandtest bei einer Störreflexion

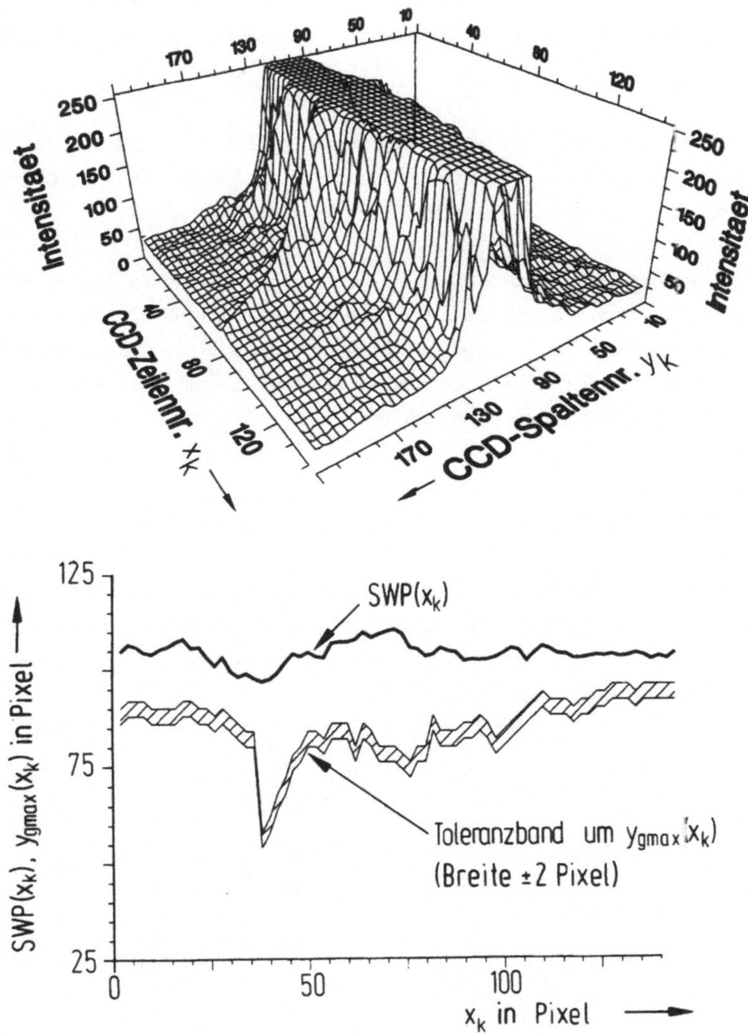

Bild 6.5: Intensitätsbild und Toleranzbandtest bei einer Überstrahlung

Um fehlerbehaftete Schwerpunktslagen in nachfolgenden Signalverarbeitungsstufen berücksichtigen zu können, ist deren Kennzeichnung im bereits in Kap. 5 eingeführten Merkerfeld bel(x_k) sinnvoll. Für eine anschließende Fehlerbehandlung solcher Zeilen bestehen folgende Möglichkeiten:

1. Im Falle vereinzelter Ausfälle die Verwendung des arithmetischen Mittels aus den benachbarten, gültigen Schwerpunktslagen mit Inkaufnahme der geringeren lateralen Auflösung.

2. Die Durchführung einer Detailanalyse der Intensitätsverhältnisse in den fehlerhaften Zeilen mittels von in einem Bildspeicher hinterlegten Bilddaten. Dies ist jedoch mit einem erhöhten Rechenaufwand verbunden.

3. Das Ignorieren solcher Zeilen, sofern sie nur vereinzelt vorkommen. Dies ist eine durchaus zulässige Strategie, da zur Konturlagenbestimmung ohnehin nicht jeder Zeilenwert relevant ist. Nachfolgende Signalverarbeitungsstufen müssen jedoch mit einer entsprechenden Erkennungssicherheit ausgestattet sein. Dies kann durch Auswerten des Merkerfeldes bel(x_k) erfolgen.

6.3 Schnelle Transformation von Kamera- in Sensorkoordinaten

Der nichtlineare Zusammenhang zwischen Kamera- und Sensorkoordinaten gemäß Gl. (4.1) bewirkt eine Verzerrung der Konturgeometrie im Kamerakoordinatensystem (Bild 6.6). Die Schwerpunktdaten SWP(x_k) müssen deshalb für Geometrieauswertungen in Sensorkoordinate transformiert werden.

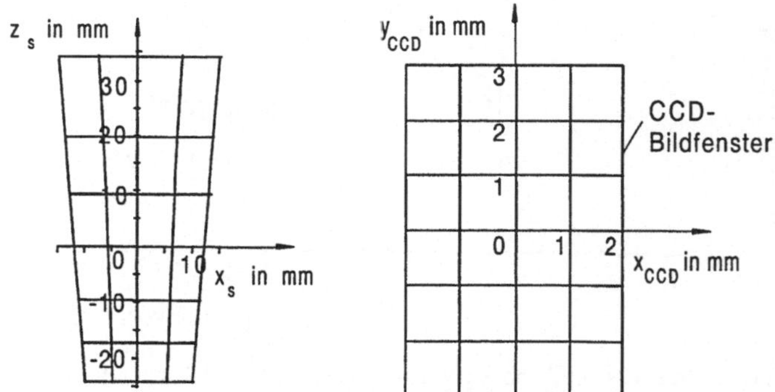

<u>Bild 6.6</u>: Geometrieverzerrung in der Bildebene eines nach Bild 5.3 aufgebauten Licht- schnittsensors

Abweichungen zwischen dem rechnerinternen Modell der optischen Abbildung (Gl. (4.1)) und dem realen Sensoraufbau führen hierbei zu Transformationsfehlern. Diese resultieren im wesentlichen aus

- Fehlern in der Linsenbrennweite und Linsenlage,
- Abbildungsfehler der Optik,
- ungenauen Bild- und Gegenstandsweiten a_0 und a_0',
- einem ungenauem Triangulationswinkel α_{Tr} und aus
- Fehlern in der Lage und Orientierung des CCD.

Zur Kompensation solcher Fehler wurden geometrische Kameramodelle, die die Abbildung eines Punktes im Meßfeld auf die Bildebene beschreiben, sowie Parameteridentifikationsverfahren entwickelt /54, 77/. Diese sehr komplexen Modelle sind, bedingt durch den erheblichen Rechenaufwand, für zeitkritische Anwendungen ungeeignet. Eine Alternative besteht in der Aufnahme von Kalibrierkurven. In /78/ wurde hierzu die Entfernungscharakteristik in der Form

$$x_s = x_{CCD}\, f_1(y_{CCD}), \qquad\qquad y_s = f_2(y_{CCD}) \qquad\qquad (6.3)$$

beschrieben und die Funktionen $f_1(y_{CCD})$ und $f_2(y_{CCD})$ in einem Kalibrierlauf ermittelt. Dieser Ansatz impliziert jedoch die Separierbarkeit der Abhängigkeiten von den Koordinaten x_{CCD} und y_{CCD}. Diese geht zwar aus der theoretischen Abbildung (Gl. (4.1)) hervor, obig erwähnte Fehlerquellen können jedoch nur teilweise berücksichtigt werden. Der Gleichungssatz (6.3) setzt beispielsweise eine Parallelität der Koordinatenachsen x_s und x_{CCD} voraus.

Eine weitaus wenigeren Einschränkungen unterworfene und damit genauere Kalibrierung gelingt durch Aufnahme eines diskreten 2D-Kennlinienfeldes, welches einem Punktraster $P(i,j)$ im Kamerabild direkt die auf eine Gehäusereferenzfläche bezogenen Koordinaten (x_{Sen}, z_{Sen}), die eine zur Meßebene (x_s, z_s) parallele Ebene aufspannen, zuordnet. Die Bezugnahme am Gehäuse der Sensormeßeinheit bringt den Vorteil einer leichteren Justierbarkeit am Robotergreifer sowie eine problemlose Austauschbarkeit dieser. Für einen Punkt $P = (x_p, y_p)$ im Kamerakoordinatensystem können die zugehörigen Sensorkoordinaten durch eine bilineare Interpolation im $\xi\eta$-Einheitselement (Bild 6.7) bestimmt werden:

$$\begin{pmatrix} x_{Sen} \\ z_{Sen} \end{pmatrix} = (1-\xi_P)(1-\eta_P)\begin{pmatrix} x_{Sen}(i,j) \\ z_{Sen}(i,j) \end{pmatrix} + \xi_P(1-\eta_P)\begin{pmatrix} x_{Sen}(i+1,j) \\ z_{Sen}(i+1,j) \end{pmatrix} +$$

$$(1-\xi_P)\eta_P\begin{pmatrix} x_{Sen}(i,j+1) \\ z_{Sen}(i,j+1) \end{pmatrix} + \xi_P\,\eta_P\begin{pmatrix} x_{Sen}(i+1,j+1) \\ z_{Sen}(i+1,j+1) \end{pmatrix} \qquad (6.4)$$

mit

$$\xi_P = (x_p - i\,d_x)\,d_x^{-1}, \qquad \eta_P = (y_p - j\,d_y)\,d_y^{-1},$$

$$\begin{pmatrix} x_{Sen} \\ z_{Sen} \end{pmatrix} = \begin{pmatrix} x_s \\ z_s \end{pmatrix} + \begin{pmatrix} x_{s0} \\ z_{s0} \end{pmatrix}$$

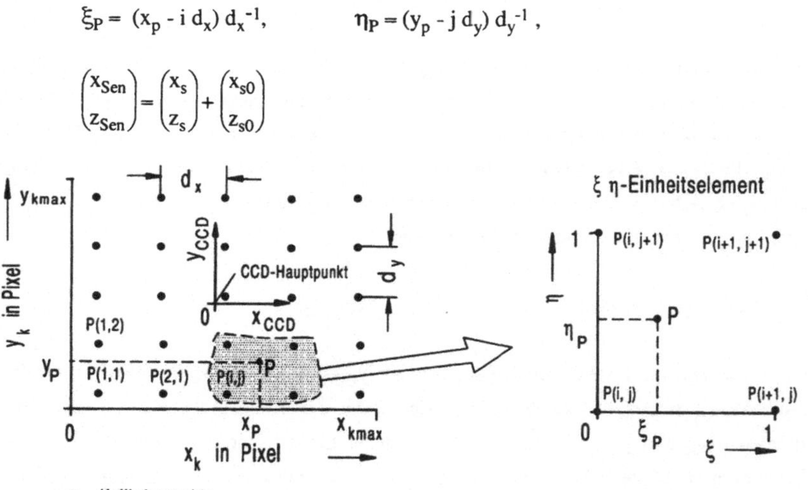

Bild 6.7: Kalibrierpunktnetz im Kamerakoordinatensystem

Wählt man den Stützstellenabstand d_x bzw. d_y äquidistant und in einem ganzzahligen Vielfachen von zwei, so können die Adressen i, j der für den Punkt (x_p, y_p) zu verwendenden Interpolationsstützstellen durch eine Shiftoperation (der Binärdarstellung) des ganzzahligen Anteils der Koordinaten x_p, y_p nach rechts entsprechend der Zweierpotenz von d_x bzw. d_y sehr schnell bestimmt werden, so daß keine Suchoperation für die Adressbestimmung erforderlich ist. Wesentlich ist, daß dieser extrem geringe Rechenaufwand unabhängig von der Feinheit des Kalibriernetzes ist. Neben dem Genauigkeitsgewinn bietet dieser Transformationsansatz außerdem einen Geschwindigkeitsvorteil, wenn zur Signalverarbeitung ein mit einer Floatingpointeinheit ausgerüsteter Prozessor eingesetzt wird, mit welcher die Multiplikationen in Gl. (6.4) wesentlich schneller als die Division in Gl. (4.1) durchführbar sind. Das in Kap. 7 beschriebene Signalprozessorsystem /81/ ermöglicht beispielsweise einen Rechenzeitgewinn von ca. 30 % (6,5 μs gegenüber 9,1 μs pro Transformationsaufruf).

Die Genauigkeit der bilinearen Transformation wird durch die Dichte der Kalibrierpunkte bestimmt. Der gegenüber der analytischen Transformation (4.1) theoretisch auftretende, maximale Interpolationsfehler F_{xmax} und F_{zmax} in x_s- und z_s-Richtung kann durch eine Extremwertbetrachtung der Differenz zwischen den sich ergebenden Punkten (x_s, z_s) nach Gl. (4.1) und jenen aus Gl. (6.4) in Abhängigkeit der Stützstellenabstände d_x und d_y bestimmt werden. Man erhält (s. Anhang):

$$F_{xmax} = \frac{c_2\, c_3\, x_{CCDmax}\, d_y^2}{4(c_2 - y_{CCDmax})(c_2 - y_{CCDmax} - d_y)(c_2 - y_{CCDmax} - 0,5d_y)} \tag{6.5}$$

$$F_{zmax} = \frac{c_1\, c_2}{c_2 - y_{CCDmax}} \left(1 - \frac{1}{\sqrt{\dfrac{-d_y}{c_2 - y_{CCDmax}} + 1}} \right)^2 \tag{6.6}$$

Beide Fehlergrößen sind unabhängig von d_x. Für F_{zmax} folgt dies aus der Unabhängigkeit der Koordinate z_s von x_{CCD} in Gl. (4.1); für F_{xmax} ist es eine Folge der Proportionalität zwischen x_s und x_{CCD} bei konstantem y_{CCD}, für die die bilineare Transformation keinen Interpolationsfehler hervorruft.

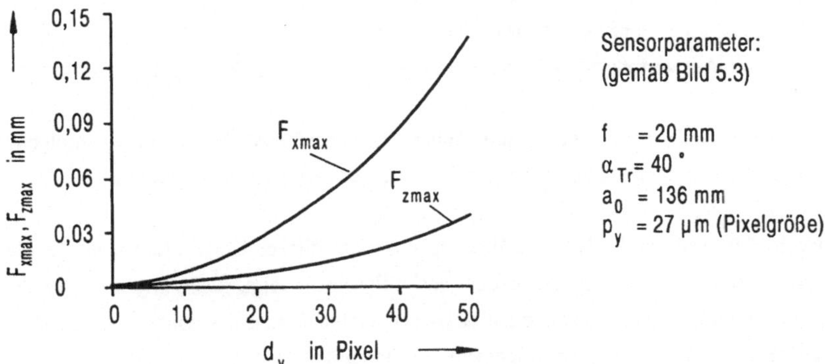

Bild 6.8: Maximaler Interpolationsfehler der bilinearen Transformation als Funktion des Stützstellenabstandes der Kalibrierpunkte für eine Sensormeßeinheit nach Bild 5.3

6.4 Schnelle Konturlagenbestimmung in drei Freiheitsgraden

6.4.1 Entwicklung eines universellen Basisalgorithmus

Die Hauptanforderungen an einen Algorithmus zur Konturlagendetektion sind

- eine einfache Konfigurierbarkeit für unterschiedliche Soll/Istkonturen,
- eine hohe Erkennungssicherheit,
- eine möglichst hohe Auswertegenauigkeit und -geschwindigkeit.

Aus dem Bereich der digitalen Bildverarbeitung sind sogenannte Template-Matching-Verfahren bekannt, welche ein vorgegebenes Signalmuster (Template) in einem Grauwertbild detektieren. In /79/ erfolgt eine Untergliederung in Fouriermethoden, Korrelationsmethoden und die Methode der Bilddifferenzen, wobei sich im Falle größerer Signalverschiebungen in Lage und Neigung vor allem Korrelationsmethoden eignen /80/. Die Vorteile von Korrelationsverfahren zur Bestimmung einer Werkstückkonturlage aus gemäß Kap. 6 komprimierten Geometrie- und Grauwertsignalen sind darin zu sehen, daß

- sowohl Merkmale im Geometrie- als auch im Grauwertsignal für beliebige Werkstückkonturen nach einem einheitlichen Algorithmus detektiert werden können,
- Vorwissen über die zu erwartende Signalform in die Auswertung eingebracht wird und dadurch die Erkennungssicherheit steigt,
- eine hohe Genauigkeit erreichbar ist und
- die Auswertung einfach konfiguierbar ist, z. B. durch Teachen des Templates.

Ihr Hauptnachteil ist in dem relativ hohen Rechenaufwand zu sehen. Nachfolgende Untersuchungen befassen sich deshalb mit geeigneten Optimierungsverfahren.

Eine in /80/ erfolgte Analyse der Eignung unterschiedlicher Korrelationsmaße für eine dreidimensionale Bewegungsschätzung aus Bildfolgen zeigt, daß eine iterative Bestimmung der Signalverschiebung auf Basis der Kreuzfunktion des quadratischen Fehlers KQF eines Templates $I_{Temp}(m)$ mit einem Meßsignal $I(n)$

$$KQF(n) = \sum_{m=0}^{m=w} [I(m+n) - I_{Temp}(m)]^2 \qquad 0 \leq n \leq x_{kmax} - w$$

(w = Templatebreite) $\hspace{6cm}$ (6.7)

entgegen der Kreuzkorrelationsfunktion sowohl für "impuls"- als auch "stufenförmige" Templates gute Konvergenzeigenschaften aufweist. Die Funktion KQF hat bei Ähnlichkeit der beiden Signale $I(n)$ und $I_{Temp}(m)$ ein Minimum, welches Null ist, wenn Signalidentität vorliegt. Die Lage dieses Extremwertes entspricht der Relativverschiebung der beiden Signale. Dieses Übereinstimmungsmaß bildet die Grundlage nachfolgender Optimierungen.

Da ausgeprägte Geometriemerkmale sowohl in Kamera- als auch Sensorkoordinaten ähnliche Signalformen zeigen, kann eine Extremwertanalyse von KQF in Kamerakoordinaten erfolgen, so daß die Transformation (6.4) nicht auf alle Schwerpunktsdaten anzuwenden ist. Die Rechenzeiteinsparung ist jedoch mit einem durch die verzerrte Abbildung bedingten Genauigkeitsverlust verbunden. Eine Lösung dieser Problematik besteht in einer Untergliederung der Extremwertanalyse in eine Grob- und Feinsuche, wobei die Grobsuche in Kamerakoordinaten unter Vernachlässigung der Konturverzerrung und die Feinsuche in Sensorkoordinaten durchgeführt wird. Alternativ hierzu kann das Template mittels einer zu Gl. (6.4) inversen Transformation off line in einem diskreten Distanz- und Drehlagenraster in Kamerakoordinaten bestimmt und in einer Tabelle abgelegt werden. Dies erfordert allerdings einen Speicherplatzbedarf von:

$$N_{ges} = w \, N_z \, N_x \, N_\alpha \hspace{5cm} (6.8)$$

($N_{z,\,x,\,\alpha}$ = Anzahl der abgelegten Templates in Distanz-, Seitenversatz- und Drehlagenrichtung)

Das lokale Minimum von KQF ist bei der Konturlagenerfassung als Funktion der Parameter Entfernung, Seitenversatz und Drehlage des Templates im Lichtschnittbild zu bestimmen, d. h. aus Gl. (6.7) wird eine Dreifachsummation. In /35/ wurde zur Reduktion des Rechenaufwandes eine Abstandsoffsetkompensation zwischen Template und Meßsignal eingeführt und die Kreuzfunktion nur als Funktion des Seitenversatzes bestimmt. Unterschiedliche Drehlagen von Ist- und Sollkontur blieben unberücksichtigt. Dieser Ansatz wird deshalb hier erweitert, indem die Drehlage zwischen Template und Istgeometrie an zwei definierten Bezugspunkten des Templates ermittelt wird (s. Bild 5.9) und KQF-Funktionswerte mit einem entsprechend gedrehten Template berechnet werden. Die Berechnung von KQF wird somit wie folgt modifiziert:

1. Die Distanz d_1 dient als Abstandsoffset.

2. Aus den an den Bezugspunkten B_1 und B_2 des Templates bestimmten Distanzmaßen d_1 und d_2 wird eine grobe Drehlage φ bestimmt.

3. KQF(n) wird mit einem um den Winkel φ_0 gedrehten und der Distanz d_1 verschobenen Template in Kamerakoordinaten berechnet, wobei zur Rechenzeitoptimierung unterschiedliche Drehlagen des Templates $I_{Temp}(m,\varphi_i)$ aus einer in einem diskreten Winkelraster $\Delta\varphi_i$ (z. B. in Schritten von 1 Grad) off line erstellten Tabelle entnommen werden.

Die modifizierte Kreuzfunktion lautet dann:

$$KQF_M(n) = \sum_{m=0}^{m=w} [I(m+n) - I_{Temp}(m,\varphi_i) - d_1(n)]^2 \; bel(m+n)$$

$$0 \leq n \leq x_{kmax} - w \qquad (6.9)$$

Das Merkerfeld bel(m+n) wirkt als Maske zur Ausblendung ungültiger Meßwerte. KQF_M-Werte werden nur weiterverarbeitet, wenn eine vorgegebene Mindestanzahl gültiger Meßwerte zu deren Berechnung beigetragen hat.

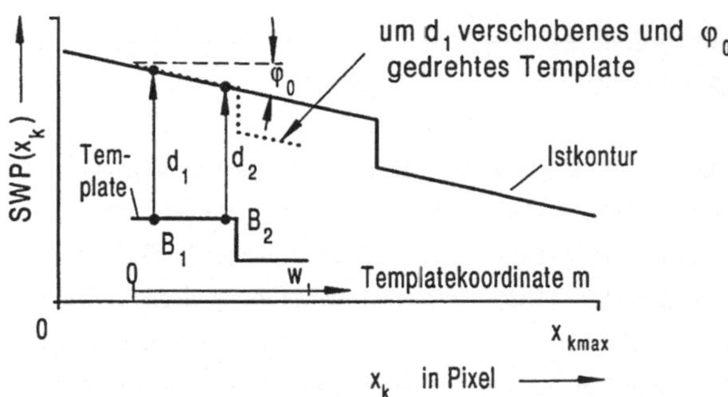

<u>Bild 6.9</u>: Distanz- und Drehlagenanpassung des Templates

Tabelle 6.2 zeigt den mittels eines leistungsfähigen Signalprozessors /81/ experimentell bestimmten Rechenzeitbedarf für einen Funktionswert von KQF_M in Abhängigkeit der Templatebreite w. Die Untersuchung zeigt, daß die Berechnung der KQF_M-Funktion bei einer CCD-Zeilenanzahl von $x_{kmax} = 144$ je nach Templatebreite noch untolerierbar hohe Rechenzeiten im ms-Bereich erfordert.

Templatebreite w [Pixel]	5	10	20	30	40	50
Zeitbedarf pro KQF_M-Funktionswert [µs]	15,7	25,0	43,7	62,3	80,9	99,58
Zeitbedarf für KQF_M-Funktion ($x_{kmax} = 144$) [ms]	2,18	3,35	5,42	7,1	8,4	9,35

Tabelle 6.2:   Beispielhaft ermittelter Rechenzeitbedarf zur Bestimmung der Funktion KQF_M nach Gl. (6.9)

Eine Möglichkeit zur Rechenzeitoptimierung der Extremwertanalyse von KQF_M besteht darin, bei einer Grobsuche das Minimum nach dem auf die Ableitung von KQF_M angewandten iterativen Verfahren von Newton zu ermitteln. Als Startwert dient sinnvollerweise die im vorangegangenen Auswertetakt gefundene alte Konturposition $n_{Kon}(k-1)$. Die Konvergenzgeschwindigkeit kann durch eine Modifikation des Newton-Verfahrens mittels eines quadratischen Ansatzes erheblich gesteigert werden /82/. Eine erfolgreiche Newtoniteration setzt jedoch voraus, daß die relative Konturverschiebung zwischen zwei Messungen innerhalb des Konvergenzbereichs des Iterationsverfahrens (ca. ±w /80/) liegt. Da hiervon bei hohen Bahngeschwindigkeiten und großen Bahnrichtungsänderungen nicht unbedingt ausgegangen werden kann, sind diese Verfahren nur eingeschränkt brauchbar.

Eine dieser Problematik Rechnung tragende Strategie zur Beschleunigung der Extremwertanalyse besteht darin, beginnend bei der zuletzt gefundenen Konturposition $n_{Kon}(k-1)$ einzelne Funktionswerte von KQF_M in einem groben Raster solange zu bestimmen, bis eine grobe Lage des gesuchten Minimums detektiert ist und dann erst eine Funktionsberechnung im Pixelraster durchgeführt wird. Da die Richtung der Konturverschiebung bezüglich der letzten Auswertung unbekannt ist, muß das Suchverfahren symmetrisch um $n_{Kon}(k-1)$ erfolgen:

$$n = \begin{cases} n_{Kon}(k-1) + j\, x_{grob} & \text{für } j = 0, 2, 4,... \\ n_{Kon}(k-1) - j\, x_{grob} & \text{für } j = 1, 3, 5,... \end{cases} \qquad (6.10)$$

Als Umschaltkriterium eignet sich ein Schwellwert KQF_{SW} (Bild 6.10). Die grobe Schrittweite x_{grob} ist unter Berücksichtigung des Abtasttheorems so zu wählen, daß das Minimum im Signalverlauf von KQF_M sicher detektiert werden kann. Der Schwellwert KQF_{SW} als Umschaltkriterium zwischen grobem und feinem Suchraster ist konturspezifisch. Die Schwelle ist so zu legen, daß ein ausreichender Abstand zu eventuellen Nebenminima in $KQF_M(n)$ vorliegt.

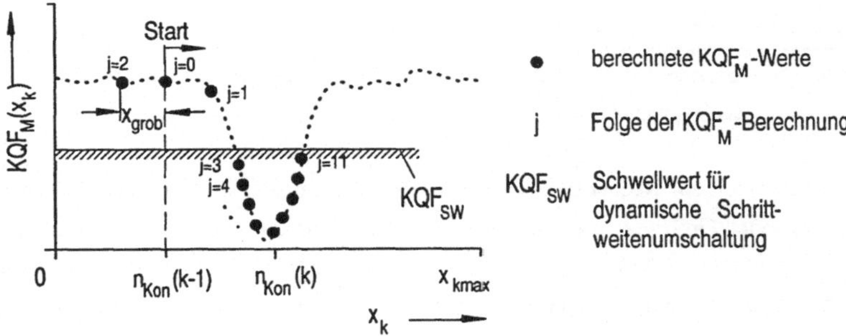

<u>Bild 6.10</u>: Schnelle Extremwertsuche durch Abtastung mit dynamischer Schrittweitenanpassung

Die Bestimmung des Schwellwertes kann bei vorgegebener Schrittweite x_{grob} automatisch erfolgen. Hierzu wird die Autofunktion von KQF (Korrelation des Templates mit sich selbst)

$$AQF(n) = \sum_{m=0}^{m=w} [I_{Temp}(m+n) - I_{Temp}(m)]^2 \qquad -w \leq n \leq w \qquad (6.11)$$

off line berechnet. Das Minimum von AQF liegt naturgemäß bei n=0. Als Schwellwert KQF_{SW} wird der Funktionswert von $AQF(x_{grob})$ ($x_{grob} < w$) verwendet. Diese Wahl gewährleistet, daß bei den nachfolgenden zyklischen Extremwertanalysen im Grobraster wenigstens ein Funktionswert unterhalb der Schwelle ist und damit eine Feinsuche eingeleitet werden kann.

Höhere Auflösungen können durch Interpolation oder durch eine Polynomapproximation mit einzelnen KQF_M-Werten im Bereich des Extremwertes erreicht werden. Eine in /83/ erfolgte Untersuchung zur Brauchbarkeit dieser Verfahren für die Bestimmung einer Kantenlage im Grauwertbild einer CCD-Zeile erbringt mittels einer einfachen Dreipunktinterpolation eine beachtliche Auflösungsverbesserung im Subpixelbereich. Hierbei wird durch den im Pixelraster grob bestimmten Extremwert $KQF_{M,}(n_{Kon})$ und dessen benachnarten, linken und rechten Funktionswertes $KQF_M(n_{Kon}-1)$ und $KQF_M(n_{Kon}+1)$ eine Parabel gelegt und deren Scheitelpunkt als Extremwertlage definiert wird (Bild 6.11). Die Scheitellage $x_{Min,ipo}$ der Parabel

$$KQF^*(x) = a + b\,(x - x_{Min,ipo})^2 \tag{6.12}$$

berechnet sich zu

$$x_{Min,ipo} = n_{Kon} + \frac{KQF_M(n_{Kon}+1) - KQF_M(n_{Kon}-1)}{2[2KQF_M(n_{Kon}) - KQF_M(n_{Kon}+1) - KQF_M(n_{Kon}-1)]} \tag{6.13}$$

($n_{Kon} = x_k$ -Koordinate des Extremwertes von KQF_M im Pixelraster)

Die erreichbare Subpixelauflösung wird vorwiegend durch den Rauschanteil im Meßsignal begrenzt /83/.

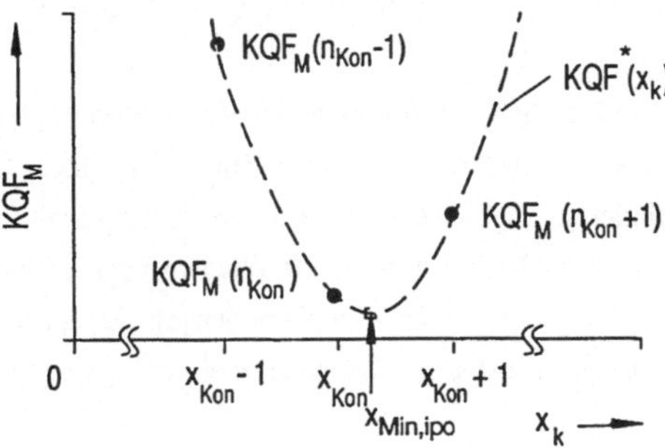

Bild 6.11: Dreipunktparabelinterpolation zur Extremwertbestimmung mit Subpixelauflösung

Die Anwendung dieses Verfahrens auf in Kamerakoordinaten vorliegende KQF_M-Werte führt nur dann zu einer Auflösungsverbesserung, wenn die durch die Scheimflug-anordnung bedingte lageabhängige Verzerrung des Templates bei der KQF_M-Berechnung berücksichtigt wird (z. B. mittels off line erstellten Tabellendaten des Templates). Die bereits erwähnte, Speicherplatz sparende Alternative, die Feinsuche in Sensorkoordinaten durchzuführen, wird hier nicht weiter betrachtet, da sie mit einem erhöhten Rechen-aufwand verbunden ist.

Die Parabelinterpolation kann außerdem zur Erhöhung der Auflösung bei der Drehlagenermittlung eingesetzt werden, indem KQF_M als Funktion der Drehlage in einem vorgegebenen Winkelbereich um den Grobwert (z. B. ±1 Grad) bestimmt und mittels Gl. (6.13) das Minimum ermittelt wird. In Entfernungsrichtung ist bereits durch die Schwerpunktsberechnung eine ausreichende Auflösung im Subpixelbereich gewährleistet (s. Kap. 6.1).

6.4.2 Kombinierte Auswertung von Geometrie- und Grauwertdaten

Zur Bestimmung des Seitenversatzes besteht die Möglichkeit, den entwickelten Al-gorithmus auf Geometriedaten $SWP(x_k)$ oder auf Grauwertdaten $g_{max}(x_k)$ anzuwenden, je nachdem welches dieser Signale ein ausgeprägtes Konturmerkmal aufweist. Basiert die Auswertung auf Grauwertdaten, so ist in Gl. (6.9) die beschriebene Distanzoffsetkom-pensation durch eine entsprechende Grauwertoffsetkompensation zu ersetzen.

Vom Anwender sind somit lediglich das Template, die Templatebezugspunkte B_1 und B_2 und die für eine Seitenversatzbestimmung zu verwendende Datenbasis (Geometrie- bzw. Grauwertdaten) zu definieren. Es bietet sich an, diese Konfigurationsdaten an einem gemessenen Kontursignal, grafisch orientiert, durch Teachen vorzugeben. Die Parameter, die die Feinheit der Rasterung bei der Off-line-Generierung der Templatetabellendaten definieren, sind nicht konturspezifisch und brauchen nur einmalig vorgegeben werden.

6.4.3 Experimentelle Ergebnisse zur Konturlagenbestimmung

Der vorgestellte Korrelationsalgorithmus wurde beispielhaft an den in Bild 6.12 gezeig-ten, praxisrelevanten Werkstückkonturen getestet. Die Auswertung der Meßdaten, welche mit dem in Kap. 4 beschriebenen Sensoraufbau gewonnenen wurden, erfolgte mit einer Signalprozessorkarte, deren Rechenleistung 33 MFlops (mega floatingpoint operations per second) und 16 MIPS (million instructions per second) beträgt. Die für eine Konturlagendetektion in drei Freiheitsgraden (Abstand, Seitenversatz und Drehlage) benötigte Rechenzeit wurde sowohl für den günstigsten als auch den ungünstigsten Fall ermittelt. Der günstigste Fall liegt vor, wenn sich die Kontur zwischen zwei Messungen nicht verschoben hat. Der ungünstigste Fall entspricht der maximal möglichen Konturverschiebung (von der linken zur rechten Meßbereichsgrenze). Weiterhin wurde die Streubreite der Konturlagedaten (500 Wiederholmessungen) sowie deren Genauigkeit ermittelt. Die Genauigkeitsermittlung erfolgte durch Vergleich der Auswerteergebnisse mit Meßdaten, die mit einer Meßuhr gewonnen wurden. Die Sollkonturen wurden jeweils in der Mitte des Sensormeßbereichs geteacht. Die Analyse wurde jeweils für unterschiedliche Templatebreiten durchgeführt.

Die Untersuchung zeigt (Tabelle 6.1), daß die benötigten Auswertezeiten hauptsächlich von der Templatebreite und nur unwesentlich von der Testkonturgeometrie abhängen. Die Signalverarbeitungszeiten liegen zwischen 1,6 und 8,1 ms, wobei die hohen, bei breiten Templates (w>20 Pixel) auftretenden Werte erheblich reduziert werden können (von 8,1 auf 4,7 ms im ungünstigsten Fall), indem bei der Berechnung der Korrelationswerte das Template in einem gröberen Raster (Δx_{Temp} >1, s. Tabelle 6.1), z. B. nur durch jeden zweiten oder dritten Pixelwert, beschrieben wird. Die Experimente zeigen, daß die Meßunsicherheit der Konturlagendetektion unter dieser Maßnahme nicht leidet. Bei der Sollkontur "Linie" wurde der Seitenversatz aus den Grauwertdaten ermittelt. Die Drehlage und der Abstand ergibt sich aus den Geometrieinformationen. Ein Vergleich der Rechenzeiten zeigt, daß durch die kombinierte Auswertung von Geometrie- und Grauwertdaten kein erhöhter Rechenaufwand entsteht.

Die Auswerteergebnisse weisen in allen Fällen eine sehr hohe Wiederholgenauigkeit auf (Tabelle 6.1). Die Streuung der Drehlage nimmt mit zunehmender Templatebreite ab.

Die Meßunsicherheit der Relativverschiebung zwischen Soll- und Istkontur lag bei Verschiebungen unterhalb von 4 mm in x- und z-Richtung bei ca. 0,1 mm. Die in Tabelle 6.1 aufgeführten Werte beziffern den maximal aufgetretenen Verschiebefehler. Dieser ergab sich erst bei größeren Konturverschiebungen (> 10 mm). Höhere Genauigkeiten können bei Bedarf durch die Wahl eines größeren optischen Abbildungsmaßstabes realisiert werden.

Bild 6.12: Verwendete Testkonturen für die Analyse des KQF_M-Algorithmus

Templatebreite:	12 Pixel ($\Delta x_{Temp} = 1$)			25 Pixel ($\Delta x_{Temp} = 1$)			50 Pixel ($\Delta x_{Temp} = 1$)			50 Pixel ($\Delta x_{Temp} = 3$)		
Sollkontur:	Stufe	Profil	Linie	Stufe	Profil	Linie	Stufe	Profil	Linie	Stufe	Profil	Linie
Auswertezeit T_{SV} in ms:												
maximal	3,2	3,3	4	4,8	5,3	5,4	7,8	8,0	8,1	4,2	5,0	4,7
minimal	1,6	2,0	2	2,8	3,4	3,4	5,4	6,0	6,0	2,7	2,9	2,5
Streubreite:												
x_s in mm	0,02	0,02	0,01	0,02	0,01	0,02	0,02	0,01	0,02	wie bei $\Delta x_{Temp} = 1$		
z_s in mm	0,03	0,03	0,09	0,02	0,01	0,05	0,01	0,01	0,07			
φ in Grad	0,10	1,00	0,40	0,09	0,20	0,20	0,04	0,05	0,07			
Meßunsicherheit:												
x_s in mm	0,5	0,15	0,1	0,5	0,07	0,1	0,5	0,05	0,1	wie bei $\Delta x_{Temp} = 1$		
z_s in mm	0,1	0,1	0,2	0,1	0,1	0,2	0,1	0,05	0,2			
φ in Grad	3	3	2	1	3	1,5	0,8	1,0	1,0			

Tabelle 6.1: Experimentelle Ergebnisse des KQF_M-Algorithmus zur Konturlagenermittlung (Δx_{Temp} = Pixelabstand der Stützstellen, die das Template beschreiben)

Die Verbesserung der lateralen Auswertegenauigkeit und -auflösung mittels der vorgestellten Parabelinterpolation ist in Bild 6.12 dargestellt. Die Auswertungen erfolgten am
Beispiel der Testkontur "Stufe", welche in Schritten von 0,1 mm im Nennabstand lateral
verschoben wurde. Die ohne Parabelinterpolation detektierte Konturseitenlage ändert sich
in Stufen von ca. 0,2 mm. Dies entspricht einem Pixel in Kamerakoordinaten. Die
Abweichung zwischen den durch Interpolation ermittelten und den vorgenommenen
Werten ist hingegen kleiner als 0,05 mm.

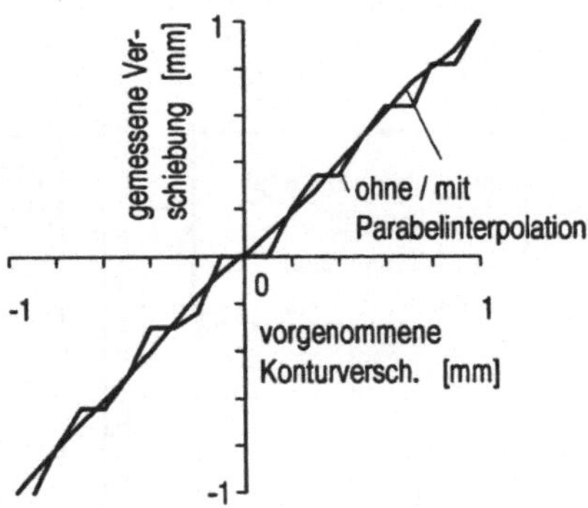

Bild 6.12: Verbesserung der lateralen Meßauflösung durch Parabelinterpolation

7 Beispielhafte Systemrealisierungen

7.1 Erstellte Hard- und Softwarekomponenten

Die Erkenntnisse der vorangegangenen Kapitel führten zur Realisierung eines Sensorsystems, dessen Struktur Bild 7.1 zeigt. Als Sensorrechner dient eine VME-Bus-Signalprozessorkarte mit einem in der Hochsprache C programmierbaren Signalprozessor. Die in Kap. 6 erarbeiteten Datenreduktionsalgorithmen wurden in eine festverdrahtete Signalvorverarbeitungselektronik umgesetzt.

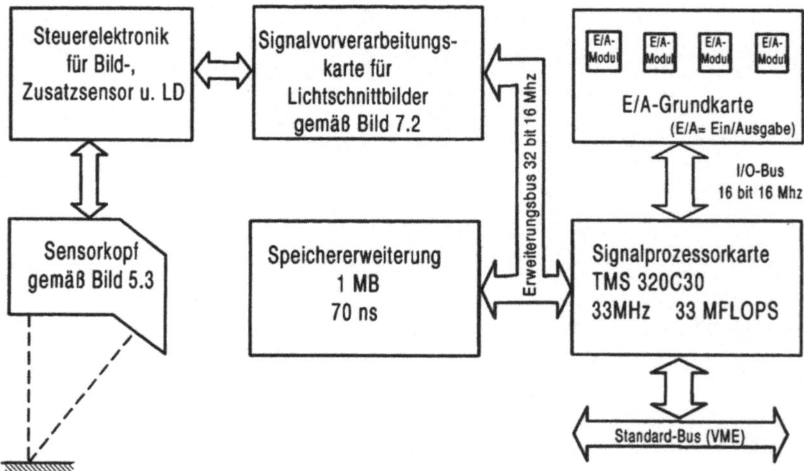

<u>Bild 7.1</u>: Hardwarestruktur des erstellten Lichtschnittsensorsystems

Die erstellte Datenreduktionshardware (Bild 7.2) arbeitet pixelsynchron im Kameratakt. Es werden gemäß den in Kap. 6 gewonnenen Erkenntnissen zeilenweise die Werte $S(x_k)$, $SY(x_k)$, $g_{max}(x_k)$ und $y_{gmax}(x_k)$ ermittelt und interruptgesteuert an den Signalprozessor übergeben. Über ein konfigurierbares Look-Up-Table (LUT) können Kennlinientransformationen, wie beispielsweise eine Schwellwertoperation zur Rauschsignalunterdrückung, realisiert werden. Das Konzept erlaubt den Einsatz beliebiger CCD-Bildsensoren (auch Standardkameras) bis zu einer Auflösung von 2048 x 2048 Pixel. Optional besteht die Möglichkeit, einen Bildspeicher mit einer Speichertiefe von 1 MB anzukoppeln.

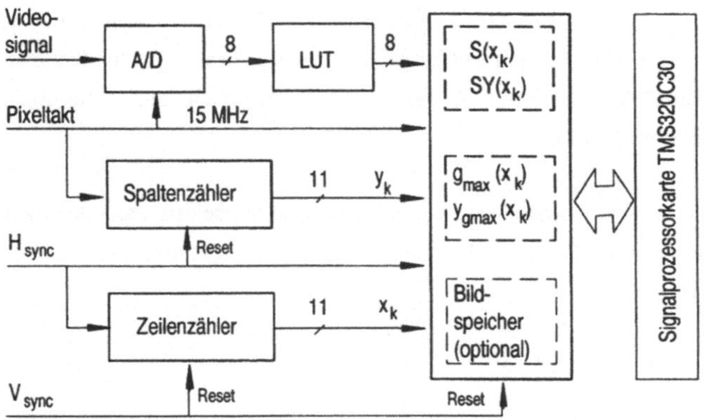

Bild 7.2: Struktur der Signalvorverarbeitungselektronik zur Datenreduktion

Bild 7.3: Realisierte Signalvorver-arbeitungselektronik und Signalprozessorkarte mit Speichererweiterung

Bild 7.4 zeigt zwei realisierte Lichtschnittsensorvarianten. Der innere Sensoraufbau entpricht der in Bild 5.3 skizzierten Anordnung. Bild 7.4b) zeigt ein erstelltes Laserbearbeitungswerkzeug mit integrierter Lichtschnittsensorik und einer Stellachse zur

Nachführung des lateralen Sensormeßbereichs. Um den hohen Genauigkeitsanforderungen von Laserbearbeitungen zu genügen, weist diese Sensormeßeinheit gegenüber jener in Bild 7.4a) eine zweifach bessere Meßunsicherheit und Auflösung bei halbem lateralen Meßbereich auf.

Um möglichst kleinbauende Systeme zu erhalten, ist bei beiden Varianten die notwendige Ansteuerelektronik für den Bildsensor, den Zusatzsensor und die Laserdiode extern untergebracht.

a) Miniaturlichtschnittsensor

b) Laserbearbeitungswerkzeug mit integrierter Lichtschnittsensorik und Stellachse

<u>Bild 7.4</u>: Erstellte Varianten der Sensormeßeinheit

Die erreichten, zeitlichen Kenngrößen der erstellten Systemkomponenten sind in Tabelle 7.1 zusammengestellt. Bei Werkstückkonturen, die mit einer einzelnen Bildaufnahme erfaßt werden können, liegt die Sensortotzeit $T_{t,Sen}$ deutlich unter 10 ms. Sind zwei Teilbelichtungen erforderlich, so erfolgt die zweite Belichtung parallel während des Auslesevorganges des ersten Teilbildes aus dem Frametransfer-CCD, so daß sich $T_{t,Sen}$ nur um eine zusätzliche Bildauslesezeit erhöht.

Meßwerterfassung mit einer Bildaufnahme		Meßwerterfassung mit zwei Bildaufnahmen	
$t_{Bel}(1)$:	0,2 ... 1 ms	$t_{Bel}(1)$:	0,2 ... 1 ms
Bildauslesezeit:	2,5 ms	Bildauslesezeiten:	5 ms
T_{SV}:	<5 ms	T_{SV}:	<5 ms
$T_{t,Sen}$:	**<8,5 ms**	$T_{t,Sen}$:	**<11 ms**

Tabelle 7.1: Zusammenstellung des Zeitbedarfs für eine vollständige Lichtschnittauswertung

7.2 Experimentelle Erprobung der Konturverfolgung

Die experimentellen Untersuchungen zur Konturverfolgung basierten auf einem sechsachsigen Industrieroboter mit Zylinderkoordinatenkinematik (Bild 7.5). In eine Industrierobotersteuerung wurde ein Bahnplanungsalgorithmus gemäß Bild 2.7 über Schnittstelle b) (Bild 2.5) integriert. Die sechste Achse diente zur Nachführung des vorlaufend angebrachten Lichtschnittsensors mittels eines konventionellen Sensorregelkreises. Die Lagesollwerterzeugung der Achsen 1 - 5 erfolgte durch Linearinterpolation zwischen den sensorgestützt erfaßten Bahnstützstellen. Der Interpolationstakt betrug 20 ms. Die Geschwindigkeitsverstärkung K_V der konventionell geregelten Roboterachsen (P-Lage-, PI-Drehzahlregelung, keine Vorsteuerung, indirekte Meßsysteme) betrug 12,5 1/s.

Bild 7.5: Mit einem sechsachsigen Industrieroboter aufgebautes Konturfolgesystem

Die maximal zulässige Bahnrichtungsänderung α_{max} wurde in einer Meßreihe als Funktion des Sensorvorlaufs, des lateralen Sensormeßbereichs $2x_{smax}$ und der Bahngeschwindigkeit ermittelt. Als Sollkontur diente eine unter dem Winkel α_{max} aus Geradensegmenten zusammengesetzten auf eine Oberfläche aufgetragene Markierungslinie. Die Konturabtastung erfolgte mit 100 Hz ($T_{t,Sen}$ = 10 ms). Bild 7.6 zeigt die erzielten Ergebnisse bei einem Sensorvorlauf von 30 mm und 50 mm. Ab 350 mm/s wurde bei 30 mm Sensorvorlauf die Bahnplanungsbedingung verletzt. Dies ist auf die geringen K_V-Werte der Roboterachsen zurückzuführen, die gemäß Gl. (3.1) erheblich zum erforderlichen Sensorvorlauf beitragen.

Ein Vergleich der Kennlinien (Bild 7.6) führt zu der Aussage, daß α_{max} bei der untersuchten Konstellation nahezu unabhängig vom Sensorvorlauf ist. Dieses Ergebnis deckt sich mit Bild 3.4. Der größere Sensormeßbereich (18 mm) läßt erwartungsgemäß größere Richtungsänderungen zu.

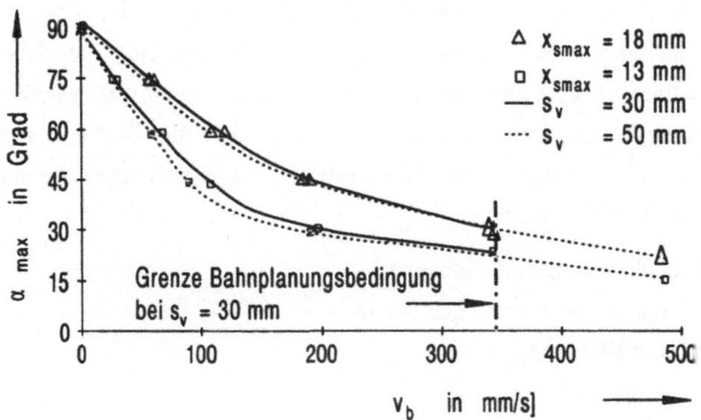

Bild 7.6:   Experimentell ermittelte maximal zulässige Bahnrichtungsänderung α_{max}

Der zulässige minimale Bahnkrümmungsradius wurde am Beispiel einer aus einem Geradensegment und einem Kreisbogen zusammengesetzten Bahn ermittelt (Bild 7.7). Aufgrund der permanenten Richtungsänderung auf der Kreisbahn wird der minimale Bahnradius auch vom Sensorvorlauf begrenzt. Der Sensormeßbereich ist hier von untergeordneter Bedeutung.

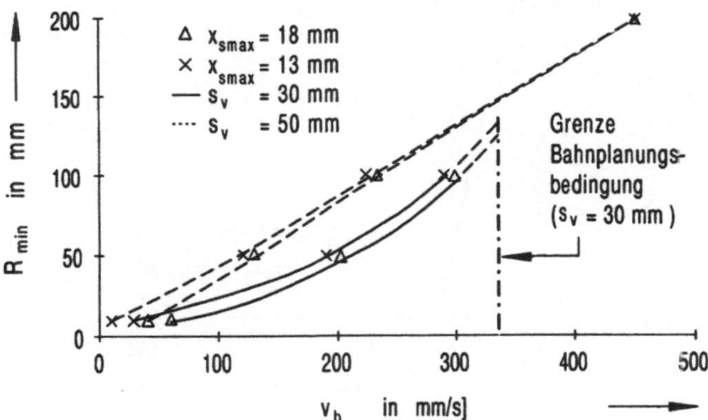

Bild 7.7:   Experimentell ermittelter minimaler Bahnkrümmungsradius

Um eine Aussage über die Genauigkeit der sensorgestützten Sollwerterzeugung zu gewinnen, wurden die kartesischen Bahnsollwerte während der Sensorführung abgespeichert und anschließend mit der abgetasteten Kontur verglichen. Da die Absolutlage der Testbahn, die aus zwei unter 75° zusammengesetzten Geradensegmenten bestand, im kartesischen Koordinatensystem des Industrieroboters nicht bekannt war, wurde zur Beurteilung der Genauigkeit der Sollbahn deren Winkeltreue mit der Testbahn verglichen. Bild 7.8 zeigt einen somit gewonnenen Bahnvergleich. Die entstehenden Fehler in der Sollbahn können untergliedert werden

- in lokale, hochfrequente Abweichungen,
- in niederfrequente Abweichungen und in
- einen globalen Richtungsfehler.

Die hochfrequenten Anteile werden vorwiegend durch Meßunsicherheiten des Sensors und Schwingungen der Robotermechanik verursacht. Sie liegen größenordnungsmäßig unter 0,1 mm. Die niederfrequenten Bahnabweichungen sind auf die in Kap. 3 festgestellten, bei indirekter Lageistwerterfassung nicht berücksichtigten Übertragungsfehler der Lastgetriebe der hier maßgeblich an der Bewegung beteiligten ersten und zweiten Grundachse des Industrieroboters zurückzuführen. Der globale Richtungsfehler resultiert aus Fehlern in der Roboterkinematik (z. B. fehlerhafte Achslängen).

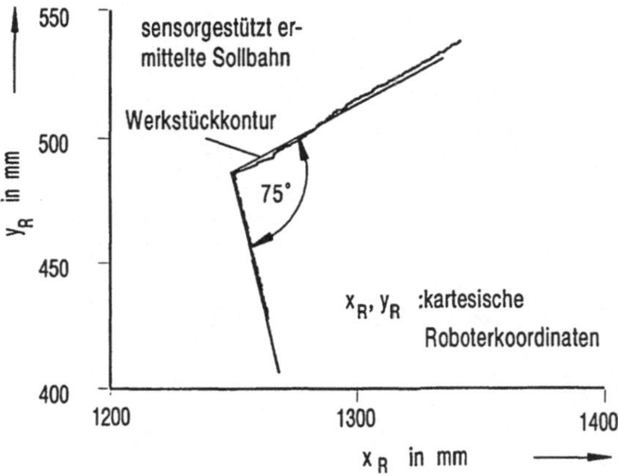

Bild 7.8: Vergleich der sensorgestützt ermittelten Lagesollwerte mit dem Bahnverlauf der Sollkontur

Um die Genauigkeit der gefahrenen Bahn des TCP zu ermitteln, wurde am Robotergreifer ein Zeiger angebracht und dessen Spitze auf den TCP ausgerichtet (Bild 7.9). Beim Abfahren der Testbahn mit niedriger Geschwindigkeit ($v_B = 10$ mm/s) wurde die

Zeigerspitze trotz der Fehler in der Sollbahn von einigen mm (Bild 7.8) innerhalb der Markierungslinie, deren Breite 0,5 mm betrug, geführt. Dies ist auf die fehlerkompensierenden Eigenschaften der Sensorführung zurückzuführen. Wie in Kap. 3 erläutert, können die Getriebefehler bei indirekter Lageistwerterfassung jedoch nur dann kompensiert werden, wenn der Sensorvorlauf wesentlich kleiner ist als die Bahnlänge, innerhalb der diese Fehler zu Bahnabweichungen führen. Umkehrspannen, die beim Richtungswechsel einzelner Achsen durchlaufen werden, wirken sich lokal begrenzt aus und können deshalb nicht kompensiert werden. Bei höheren Bahngeschwindigkeiten (> 50 mm/s) treten beim untersuchten Konturfolgesystem zunehmend Bahnfehler aufgrund von Schleppabständen auf. Zur Reduktion dieser Fehlerursachen muß die Dynamik der Antriebssysteme verbessert werden.

In Bild 7.9 sind einige Einsatzbeispiele für das untersuchte Konturverfolgungssystem aufgezeigt.

a)   b)

Bild 7.9: Beispielhafte Applikationen für das Konturverfolgungssystem,
a) Sealen von Kfz-Teilen (Werkzeug durch Zeiger repräsentiert),
b) Entgraten von biegeelastischen Dichtungsprofilen,
c) Bahnprogrammierung beim Laserschneiden und -schweißen

7.3 Einsatzpotential einer Lichtschnittsensorik zur Programmierung von 3D-Laserbearbeitungen

Das Einsatzspektrum des entstandenen, flexiblen Lichtschnittsensorsystems außerhalb der Konturverfolgungsproblematik sei am Beispiel der Programmierung von 3D-Laserbearbeitungen aufgezeigt. Für diesen Bereich sind die derzeitigen Probleme bei der Programmierung von Bewegungsbahnen in Tabelle 7.1 zusammengestellt.

Programmierziel	derzeitige Methode	derzeitige Probleme
Generierung eines Bewegungsprogramms	Off-line-Programmierung	keine Geometrie- bzw. CAD-Daten verfügbar
	punktweises Teachen	Teachen sehr zeitaufwendig
Adaption einer Bewegungsbahn an Werkstücktoleranzen	Nullpunktverschiebung von Bewegungsbahnen	kapazitive Abstandssensorik ist nicht geeignet zur Erfassung globaler Lageoffsets
	On-line-Abstandsregelung	integrale Meßwirkung der kapaz. Abstandssensorik ungeeignet bei stark gekrümmten Oberflächen
	On-line-Konturverfolgung	kein Bearbeitungswerkzeug mit integrierter Sensorik zu 3D-Bahnfühhrung verfügbar

Tabelle 7.1: Derzeitige Methoden und Probleme bei der Programmierung von 3D-Laserbearbeitungen

Für den Laserbearbeitungskopf mit integrierter Lichtschnittsensorik (Bild 7.4) besteht somit folgendes Einsatzpotential zur Lösung dieser Probleme:

1. 3D-Werkstückgeometrieerfassung:

Eine mit dem Sensorsystem ausgestattete Laserbearbeitungsmaschine kann als Meßmaschine dienen, um die für eine Bearbeitung relevanten Werkstückgeometriebereiche durch sequenzielle Profilschnitte abzutasten. Mit Hilfe dieser, für ein Programmiersystem geeignet aufbereiteter Daten kann ein Bewegungsprogramm off line erzeugt werden. Als

Meßprogramm ist eine grob programmierte Bahn bzw. eine Handführung nach /19/ möglich. Die Vorteile gegenüber dem Einsatz eines externen, stationär angeordneten Geometriescanners, wie beispielsweise das aus /47/ bekannte System, sind:

- die einfache Erfassung der interessierenden Werkstückbereiche ohne eine zusätzlich erforderliche Gerätetechnik,
- die geringen Zugänglichkeitsprobleme aufgrund der mitgeführten Sensorik,
- der Genauigkeitsgewinn, bedingt durch das Messen und Bearbeiten mit ein und derselben Gerätetechnik.

2.   Direkte Bewegungsbahnerzeugung

Eine werkstattnahe Programmierung, die kein Off-line-Programmiersystem erfordert, ist in Verbindung mit der unter Punkt 1 vorgestellten Vorgehensweise möglich, indem eine Bearbeitungsaufgabe durch Markierungen auf der Werkstückoberfläche kodiert wird (z. B. durch Anreißen oder Aufzeichnen einer Linie) und diese anschließend sensorgestützt erfaßt, interpretiert und direkt in der Maschinensteuerung in ein Bewegungsprogramm umgesetzt werden.

3.   Nullpunktkorrektur von Bewegungsprogrammen

Die Ermittlung globaler Lagefehler von Werkstücken gelingt mittels der Lichtschnittsensorik wesentlich einfacher und genauer als beispielsweise nach der in /84/ vorgeschlagenen Strategie mittels einer Scanbewegung des Industrieroboters im Bereich von Werkstückkanten und dem Auswerten der Entfernungsdaten einer kapazitiven Abstandssensorik, da diese aufgrund ihrer integralen Meßwirkung bei nicht ebenen Meßflächen zu Meßfehlern führt.

4.   On-line-Abstandskorrektur

Eine vorlaufende Lichtschnittsensorik ermöglicht mittels der vorgestellten Bahnplanung eine On-line-Abstandsführung während der Bearbeitung, so daß die kapazitive Abstandssensorik, die aufgrund ihrer integralen Meßwirkung bei gekrümmten Meßoberflächen ohnehin problematisch ist, nicht erforderlich ist. Alternativ zur On-line-Abstandsführung muß in weiteren Arbeiten auch die Eignung einer diskreten Bahnreferenzierung /85/ untersucht werden, d. h. es wird nur an bestimmten, gut zugänglichen Stellen ein Abstandswert gemessen und die Bewegungsbahn mittels dieser Stützstellen adaptiert.

5.   On-line-Konturverfolgung

Neben dem sensorgeführten Laserschweißen entlang einer Werkstückkontur ist auch beim Laserschneiden ein Einsatz möglich, z. B. in der Einzelteilfertigung die Durchführung einer Schneidbearbeitung entlang einer auf die Werkstückoberfläche aufgebrachten Markierung.

8   Zusammenfassung und Ausblick

Ausgangspunkt für die Untersuchung schneller, bahnorientierter Sensorführungen für Industrieroboter ist die Feststellung, daß derzeit eine Vielzahl konturbezogener Werkstückbearbeitungen manuell durchgeführt werden müssen, weil die unter dem Aspekt der Wirtschaftlichkeit bzw. technologiebedingt geforderten hohen Bahngeschwindigkeiten mit hinreichender Bahngenauigkeit nicht automatisiert erreicht werden. Ausgehend vom Stand der Technik wurden für die On-line-Bahnführungsstrategie "Bahnplanung mit vorlaufendem Sensor" die Anforderungen an eine optische Sensorik zur schnellen Erfassung von Werkstückkonturen abgeleitet. Eine Gegenüberstellung und Beurteilung unterschiedlicher optischer Sensormeßprinzipien führte zu entscheidenden Vorteilen des Lichtschnittverfahrens, wobei sich zeigte, daß die Meß- und Auswertezeiten, sowie die Robustheit gegenüber schwankenden Meßbedingungen, wie z. B. unterschiedliche Reflexionsverhältnisse an der Meßoberfläche, erhöht werden müssen.

Aus Untersuchungen zum Zusammenwirken zwischen Sensorsystem, Steuerungstechnik und dem Industrieroboter konnte im weiteren die theoretisch erreichbare Bahngeschwindigkeit beim Einsatz einer vorlaufenden Lichtschnittsensorik in Abhängigkeit relevanter Systemparameter abgeleitet werden. Insbesondere konnte eine die Dynamik eines Konturfolgesytems beschreibende Systemersatzzeit formuliert werden, welche sich aus den sensor- und steuerungsseitigen Totzeiten sowie der Geschwindigkeitsverstärkung der Lageregelkreise zusammensetzt. Untersuchungen zur Genauigkeit der Sensorführung zeigen, daß bei Industrierobotern mit indirekten Lagemeßsystemen der Sensorvorlauf möglichst gering sein muß, um die in der Regel erheblichen Bahnfehler aufgrund von Winkelübertragungsfehlern der Lastgetriebe des Industrieroboters zu reduzieren.

Weitere Kapitel befaßten sich mit der Konzeption eines flexiblen Lichtschnittsensorsystems, dessen Einsatz nicht nur auf die Problematik "sensorgestützte Konturverfolgung" beschränkt sein muß. Es wurde ein von der üblichen Kameranorm abweichendes Timing für CCD-Bildsensoren erarbeitet, welches eine zeitoptimale, extern synchronisierbare Bilderfassung mit beliebig vorgebbarer Belichtungszeit ermöglicht.

Um eine optimale Bilderfassung bei variierenden Meßbedingungen zu gewährleisten, wurde ein bisher nicht bekannter Sensoraufbau zum Lichtschnittverfahren untersucht, bei dem mittels eines zusätzlichen Photodiodenarrays im Empfangsstrahlengang der Belichtungszustand in einzelnen Bereichen des CCD-Bildsensors on line erfaßt werden kann. Diese Belichtungsinformationen ermöglichen eine optimale Anpassung der Belichtungszeit, so daß eine partielle Überstrahlung vermieden wird. Es konnte insbesondere gezeigt werden, daß im Falle extremer Dynamikanforderungen innerhalb eines Profilschnittes eine Gesamtmessung automatisch und mit hoher Geschwindigkeit aus korrekt belichteten Bereichen einzelner, mit unterschiedlichen Belichtungszeiten durchgeführter, aufeinanderfolgender Teilmessungen generierbar ist.

Um die Signalverarbeitungszeiten bei der Auswertung von Lichtschnittbildern zu verkürzen, wurden Datenreduktionsalgorithmen entwickelt, die einfach in eine festverdrahtete, digitale Logikschaltung umsetzbar sind. Durch eine zeilenorientierte pixelsynchrone Bestimmung der Zeilenvideosumme, der Summe des Produktes aus Videowert mit zugehöriger Spaltenposition, sowie des maximalen Zeilenvideowertes und dessen Spaltenposition gelingt eine Datenreduktion auf vier Werte pro Bildzeile, die direkt am Zeilenende zur weiteren Verarbeitung mit einem Rechner verfügbar sind. Die sich durch Division der Produkt- und Videosumme ergebende Zeilenschwerpunktslage repräsentiert die Lichtstreifenlage mit einer Streubreite von 0,05 Pixel. Fehlerhaft ermittelte Schwerpunktslagen, z. B. aufgrund von Glanzlichterscheinungen, werden durch einen einfachen Plausibilitätsvergleich mit der Spaltenposition des maximalen Zeilenvideowertes detektiert und in nachfolgenden Verarbeitungsschritten berücksichtigt. Die Auswertung ausgeprägter Reflexionsmerkmale einer Kontur gelingt mittels der Informationen im Signalverlauf des maximalen Zeilenvideowertes.

Der entwickelte Algorithmus zur Konturlagendetektion in den Freiheitsgraden Entfernung, Seitenversatz und Drehlage ermöglicht eine weitgehend einheitliche Behandlung beliebiger Werkstückkonturen und ist beispielsweise durch Einlernen der Sollkontur sehr bedienerfreundlich konfigurierbar. Das Template-Matchingproblem wurde auf eine 3D-Extremwertanalyse der Kreuzfunktion des quadratischen Fehlers übergeführt. Diese reduziert sich in einer Grobanalyse, bei der auch die zuletzt gefundene Konturlage als Vorwissen eingeht, auf eine eindimensionale Betrachtung, indem an vordefinierten Templatebezugspunkten eine grobe Entfernung und Drehlage ermittelt und bei der Berechnung des quadratischen Fehlers berücksichtigt wird. In experimentellen Untersuchungen an typischen Werkstückkonturen wurde für den ungünstigsten Fall eine maximale Signalverarbeitungszeit von 5 ms festgestellt. Je nach erforderlicher Belichtungszeit bleibt die Sensortotzeit deutlich unter 11 ms, im günstigsten Fall sogar unter 5 ms.

Die gewonnenen Erkenntnisse führten zu einem in Hard- und Software flexiblen Systemkonzept. Speziell für Laserbearbeitungen wurde ein Bearbeitungskopf mit integrierter Lichtschnittsensorik und einer Drehachse zur Meßbereichsnachführung erstellt. Ein zweites Realisierungsbeispiel bildet ein Miniaturlichtschnittsensor.

Mit einem sechsachsigen Industrieroboter und einer handelsüblichen Robotersteuerung wurde in experimentellen Untersuchungen die Funktionsfähigkeit des Konturfolgesystems nachgewiesen. Es konnte insbesondere gezeigt werden, daß die Sensorführung bis zur Höchstgeschwindigkeit des Industrieroboters (450 mm/s) arbeitet, wobei das Bahnverhalten vorwiegend durch die Dynamik der Antriebsysteme des Industrieroboters bestimmt wird.

In zukünftige Industrierobotersteuerungen müssen, um die Bahnführung mit vorlaufendem Sensor industriell einsetzen zu können, entsprechende Funktionen zur Sensordatenverarbeitung integriert werden. Weitere Arbeiten sollten sich mit den am Schluß vorgestellten, neuen Programmierverfahren für 3D-Laserbearbeitungen, die sich durch das entstandene Bearbeitungswerkzeug mit integrierter Lichtschnittsensorik eröffnen, befassen. Um Sensorsysteme zukünftig auch off line programmieren zu können, müssen entsprechende Sensormodelle in Off-line-Programmiersysteme integriert werden und Schnittstellen zur Sensorprogrammierung geschaffen werden.

Literatur

/1/ Schweizer, M.:   Verstärkter Robotereinsatz in allen Bereichen.
                       Produktion (1991) 14, S. 3.

/2/ Bergmann, H.-W.;   Verfahren zum Entgraten der Kanten metallischer Bauteile.
     Lindner, H.:   Offenlegungsschrift DE4025566 A1 vom 13.2.92.

/3/ Seidel, M.:   Grat ab. Roboterentgraten von Kunststofformteilen.
                       Roboter (August 1990), S. 34 - 40.

/4/ Rogos, J.:   Sensoren in der Fertigungstechnik.
                       In: Shah, R. (Hrsg.): Sensoren 86/87: Trends, Übersichten,
                       Anwendungsbeispiele.
                       Düsseldorf: VDI-Verlag, 1986, S. 66 - 73.

/5/ Wahl, R.;   Genauigkeitsanforderungen beim Laserstrahlschweißen mit
     Bloehs, W.;   Industrierobotern.
     Dausinger, F.:   In: Laser/Optoelektronik in der Technik. Vorträge des 9.
                       Intern. Kongress.
                       Berlin, Heidelberg, New York: Springer-Verlag, 1990,
                       S. 558 - 562.

/6/ Hamman, G.;   Roboter zur Laserbearbeitung.
     Renz, B.:   Im Seminar: Aktuelle Entwicklungen in der Robotersystem-
                       technik.
                       Stuttgart: FISW GmbH, Mai 1991.

/7/ Starke, G.:   Nahtführungssensor zur adaptiven Steuerung von Hand-
                       habungseinrichtungen zum Lichtbogenschweißen.
                       Dissertation RWTH Aachen, 1983.

/8/ Fuchs, K.:   Flexible, sensorgesteuerte Roboterschweißsysteme.
                       Dissertation RWTH Aachen, 1987.

/9/ Wagner, R.:   Optische Sensorsysteme für den Einsatz mit Hand-
                         habungssystemen unter besonderer Berücksichtigung des
                         Lichtbogenschweißens.
                         Dissertation RWTH Aachen, 1990.

/10/ N.N.   Seampilot-Optical Profil Sensorsystem.
                         Produktinformation der Fa. Oldelft, Holland.

/11/ Gunnar, E.:   Sensorgeführtes Lichtbogenschweißen in der Au-
                         tomobilindustrie.
                         ABB Technik (1989) H. 3, S. 19 - 22.

/12/ N.N.   Das RTR Schweißnahtführungssystem Metatorch.
                         Produktinformation der Fa. RTR Reinmetall TZN,
                         Unterlüß (BRD).

/13/ Sindern, W.:   Entwicklung eines optischen Bahnführungssensors für
                         Industrieroboter auf der Basis eines analogen
                         zweidimensionalen Positionsdetektors.
                         Dissertation Universität Dortmund, 1988.

/14/ Reinhart, G.:   Im Stadium der Reife.
                         Roboter-Markt (1991), S. 56 - 60.

/15/ Herziger, G.;   Anlagentechnik für die dreidimensionale
      Beyer, E.;   Laserstrahlbearbeitung.
      Gillner, A.;   In: Sievers, E.-R. (Hrsg.): 3D-Bearbeiten mit CO_2-
      Nitsch, H.;   Hochleistungslasern.
      Wolff, U.:   Düsseldorf: VDI-TZ, 1992.

/16/ Schmalz, G.:   Technische Oberflächenkunde.
                         Berlin: Springer-Verlag, 1936, S. 75.

/17/ Levi, P.:   Sensoren für Roboter.
                         Robotersteme 3 (1987), S. 1 - 15.

/18/ Hirzinger, G.;   Multi-Sensor-System für Roboter.
      Dietrich, J.:   tm 53 (1986) H. 7/8, S. 286 - 292.

/19/ Gruhler, G.:   Sensorgeführte Programmierung bahngesteuerter
                          Industrieroboter.
                          Berlin, Heidelberg: Springer-Verlag, 1987.

/20/ Dlabka, M.;   Hybride Kraft/Weg-Regelung von Industrierobotern.
     Held, J.;   In: Rogos, J.: Intelligente Sensorsysteme der
     Wendt, W.:   Fertigungstechnik.
                          Berlin, Heidelberg, New York: Springer-Verlag, 1989, S. 241
                          - 264.

/21/ Spur, G.;   Verfahren zur Kraft- und Positionssteuerung bei
     Dlabka,M.;   Industrierobotern.
     Wendt, W.:   In: Pritschow, G.; Spur, G.; Weck, M.: Sensordaten-
                          verarbeitung in der Fertigungstechnik.
                          München, Wien: Hanser-Verlag, 1987, S. 103 - 131.

/22/ Rentschler, U.:   Konturverfolgung mittels vorauseilendem Sensor für
                          Industrieroboter.
                          Industrie-Anzeiger 38 (1989), S. 38 - 39.

/23/ Kram, R.;   Robotersteuerungsfunktionen und Schnittstellen zur
     Kreienkamp, U.;   Ankopplung vorlaufender Sensoren.
     Friedrich, R.:   In: Rogos, J.: Intelligente Sensorsysteme der Ferti-
                          gungstechnik.
                          Berlin, Heidelberg, New York: Springer-Verlag, 1989, S. 117
                          - 125.

/24/ DIN 66311   Sensorschnittstelle für Fertigungseinrichtungen.
                          Redaktioneller Entwurf.
                          NAM im DIN, 1981.

/25/ ISO 9506   Manufacturing Message Spezification (MMS).
                          1990.

/26/ Kram, R.;
Lang, F.:
Schnelle Sensordatenrückkopplung mit Hilfe linearisierter Transformationsrechnung.
In: Rogos, J.: Intelligente Sensorsysteme der Fertigungstechnik.
Berlin, Heidelberg, New York: Springer-Verlag, 1989, S. 234 - 240.

/27/ Schmid, D.:
Messen und Bewerten der dynamischen Eigenschaften von programmgeführten und sensorgeführten Industrierobotern.
GMA-Bericht 14, VDI/VDE-Gesellschaft Meß- und Automatisierungstechnik, 1987.

/28/ Pritschow, G.;
Horn, A.:
Dynamik derzeitiger Sensorregelkreise für Industrieroboter.
Robotersysteme 7 (1991), S. 178 - 184.

/29/ Horn, A.:
Schnelle Sensorregelkreise für Industrieroboter.
Im Seminar: Moderne Regelungs- und Antriebstechnik.
Stuttgart: FISW GmbH, Oktober 1992.

/30/ Steidle, J. M.:
Bahnverfolgung mit Industrierobotern; Entwicklung und Implementierung eines Softwarepaketes zur Verfolgung von Nähten mit voreilendem Sensor. Studienarbeit am ISW, Universität Stuttgart, 1987.

/31/ Zhao, W.:
Sensorgeführte Industrieroboter zur Bahnverfolgung.
München, Wien: Hanser-Verlag, 1990.

/32/ Dlabka, M.;
Held, J.;
Kirchhoff, U.;
Timm, J.:
Konturverfolgung durch vorlaufende Sensoren.
In: Rogos, J.: Intelligente Sensorsysteme der Fertigungstechnik.
Berlin, Heidelberg, New York: Springer-Verlag, 1989, S. 125 - 135.

/33/ Schmid, D.;
Hardter, H.;
Sichler, A.:
Zusatzachsen verbessern die Sensorführung von Industrierobotern.
Robotersysteme 5 (1989), S. 247 - 251.

/34/ Pritschow, G.;   Dynamisches Verhalten und Grenzen sensorgeführter
     Horn, A.;   Industrieroboter mit vorausblickendem Sensor.
     Grefen, K.:   Robotersysteme 8 (1992), S. 155 - 161.

/35/ Ruoff, W.:   Optische Sensorsysteme zur On-line-Führung von
                        Industrierobotern.
                        Berlin, Heidelberg, New York: Springer-Verlag, 1989.

/36/ N.N.   SCOUT Schweißnahtverfolger für Lasersysteme.
                        Produktinformation der Fa. MBB.

/37/ N.N.   Nahtsuch- und Nahtverfolgungssystem LASSY
                        Produktinformation der Fa. Krupp Forschungsinstitut.

/38/ Drews, P.;   Flexibles Sensorsystem erfaßt Fugentoleranzen in Echtzeit
     Fuchs, K.;   beim Roboterschweißen.
     Wagner, R.;   Der Betriebsleiter (1987) H. 12, S. 12 - 18.
     Willms, K.:

/39/ N.N.   isip igm-stereo-image-processing.
                        Produktinformation der Fa. igm Robotersysteme.

/40/ N.N.   Der Kontursensor DS.
                        Produktinformation der Fa. optromation, 1989.

/41/ Tiziani, H. J.:   Optische Verfahren zur Abstands- und Topografie-
                        bestimmung.
                        Informationstechnik 33 (1991) H. 1, S. 5 - 14.

/42/ Frischknecht, A.: Beleuchtungseinrichtungen für die industrielle Bild-
                        verarbeitung.
                        In: Moderne Bildverarbetung in der Qualitätssicherung.
                        Düsseldorf: VDI-TZ, 1990.

/43/ Horn, A.;   Abschlußbericht zum Forschungsvorhaben "Optisches
     Ruoff, W.:   Sensorsystem für Industrieroboter".
                        Deutsche Forschungsgemeinschaft, 1988.

/44/ Hagl, R.:

Parameteroptimierung.
Im Seminar: Die Lageregelung von numerisch gesteuerten
Maschinen.
Stuttgart: FISW GmbH, Oktober 1989.

/45/ Pritschow, G.;
Klingel, H.;
Bauder, M.;
Horn, A.:

Erhöhung der Bahngenauigkeit von Industrierobotern.
Robotersysteme 8 (1992), S. 162 - 170.

/46/ Schwarte, R.;
Aller, I.;
Baumgarten, V.;
Bundschuh, B.;
Graf, W.;
Hoffmann, K.;
Zoffeld, O.:

Laserradar mit Impulslaufzeitmessung.
In: Rogos, J.:Intelligente Sensorsysteme der Fertigungstechnik. Berlin, Heidelberg, New York: Springer-Verlag
1989, S. 172 - 194.

/47/ Wehr, A.:

Entwicklung und Erprobung von opto-elektronischen
Entfernungsmeßsystemen mit CW-Halbleiterlasern.
Dissertation Universität Stuttgart, 1991.

/48/ Hinkel, R.:

Verfahren zur Laserentfernungsmessung mit hoher Auflösung
für den Nahbereich.
Offenlegungsschrift DE 33 33 830.2 vom 20.09.83.

/49/ Tiziani, H. J.:

Optische und optoelektronische Verfahren zur
mehrdimensionalen Vermessung.
In: Welsch, W.; Schlemmer, H.; Lang, M.: Geodätische
Meßverfahren im Maschninenbau.
Schriftenreihe des DVW, Konrad Wittwer Verlag, 1992.

/50/ N.N.

Galvanometer Scanners.
Produktinformation der Fa. General Scanning INC, 1992.

- 125 -

/51/ Howah, L.:   Ein Beitrag zum Aufbau visueller, autonomer Geometriesensoren und zu ihrer Integration in computerunterstützte Fertigungssysteme. Dissertation Universität Bochum, 1990.

/52/ Seger, U.; Graf, H.-G.; Landgraf, M. E.:   Vision Assistance in Scenes with Extreme Contrast. IEEE Micro (Feb. 1993), S. 50 - 56.

/53/ Graf, H. G.:   Bildsensoren. In: Mikroelektronik im Maschinenbau. Band 3-4, Kap. 3.5, Institut für Mikroelektronik, Universität Stuttgart.

/54/ Lenz, R.:   Grundlagen der Videometrie, angewandt auf eine ultrahochauflösende CCD-Farbkamera. tm 57 (1990) H. 10, S. 366 - 380.

/55/ Neumann, H.:   Computer Vision-Methoden zur Erfassung dreidimensionaler Objekte: Eine Übersicht über die Bildaufnahme mit speziellen Beleuchtungstechniken. Technischer Bericht 84-5, TU Berlin, Institut für technische Informatik, 1984.

/56/ Marr, D.:   Vision. A Computational Investigation into Human Representation and Processing of Visual Information. W. H. Freeman and Company, San Francisco, Calif., 1982.

/57/ Bömmel, C.:   Sensorgestützte Programmierung und Steuerung von Industrierobotern durch voreilende Sensoren. Studienarbeit am ISW, Universität Stuttgart, 1990.

/58/ N.N.   The CCD-Image-Sensor. Firmenschrift der Fa. Thomson-CSF.

/59/ Klicker, J.:   Redundanzvermeidung in 3d-Triangulationsscannern nach dem Lichtschnittprinzip.
In: Wagner, E. (Hrsg.): Tagungsband zum Kongress OPTO7, Nürnberg, 1990.

/60/ DIN VDE 0837   Strahlungssicherheit von Laser-Einrichtungen.
Deutsche Übersetzung.

/61/ Dalacker, M.;   Moderne Regelungsverfahren an Industrierobotern.
Horn, A.:   Im Seminar: Moderne Regelungs- und Antriebstechnik.
Stuttgart: FISW GmbH, Oktober 1992.

/62/ Horn, A.:   Sensorgestützte Robotersysteme.
Im Seminar: Aktuelle Entwicklungen in der Robotersystemtechnik.
Stuttgart: FISW GmbH, April 1991.

/63/ Philipp, W.:   Einführung in die Direktantriebstechnik.
Im Seminar: Entwicklungstendenzen bei Direktantrieben.
Stuttgart: FISW GmbH, 1991.

/64/ Schwidetsky, K.;   Photogrammetrie.
Ackermann, F.:   Stuttgart: B.G. Teubner, 1976, S. 58 ff.

/65/ Schröder, G.:   Technische Optik.
Würzburg: Vogel-Verlag, 1984.

/66/ Naumann, H.;   Bauelemente der Optik.
Schröder, G.:   München, Wien: Hanser-Verlag, 1983, S. 77.

/67/ Erf, R. K.;   Speckle Metrology.
Tiziani, H. J.:   Quantum Electronic Academic Press (1978) Kapitel 2.

/68/ Schmidt, W.;   Optoelektronik.
Feustel, O.:   Würzburg: Vogel-Verlag, 1975, S. 23.

/69/ Chamberlain, S. G.;   CCD Image sensors for high speed inspections systems.
Washkurak, W. D.;   SPIE Vol. 849 Automated Inspection and High Speed Vision
Doody, B. C.:   Architectures (1987), S 2 - 10.

/70/ N.N.   Quasi CW Laser Diode Arrays.
                              Produktinformation der Fa. Laser Diode, INC.

/71/ Doemens, G.;   Einrichtung zur Erfassung einer Ortskoordinate eines
     Schneider, R.:   Lichtpunktes.
                              Offenlegungsschrift DE 3319320 A1, 1984.

/72/ Horn, A.:   Verfahren und Vorrichtung zur Belichtungsregelung eines
                              optischen Entfernungsmessers nach dem Lichtschnittprinzip.
                              Offenlegungsschrift DE 3940518 A1, 1991.

/73/ N.N.   Area Array CCD Image Sensor TH 7852.
                              Produktinformation der Fa. Thomson- CSF, 1987.

/74/ DIN 1319   Grundbegriffe der Meßtechnik. Behandlung von
                              Unsicherheiten bei der Auswertung von Messungen.

/75/ Knupfer, K.;   Lagevermessung in Bildern mit Hilfe von Korrelation und
     Großkopf, R.;   Eigenwertzerlegung.
     Südland, K.:   tm 57 (1990) H. 10, S. 381 - 383.

/76/ Pritschow, G.;   Schnelle adaptive Signalverarbeitung für Lichtschnittsensoren.
     Horn, A.:   Robotersysteme 7 (1991) H. 4, S. 194 - 200.

/77/ Föhr, R.:   Photogrammetrische Erfassung räumlicher Informationen aus
                              Videobildern.
                              Dissertation RWTH Aachen, 1990.

/78/ Schreiber, L.:   Messung gekrümmter Flächen mit berührungslosen
                              Verfahren.
                              Berlin, Heidelberg, New York: Springer-Verlag, 1989.

/79/ Huang, T. S.:   Image Sequence Analysis.
                              Berlin, Heidelberg, New York: Springer-Verlag, 1981,
                              Abschn. 1.

/80/ Lenz, R.:   Ein Verfahren zur Schätzung der Parameter geometrischer
                              Bildtransformationen.
                              Dissertation TU München, 1986.

/81/ N.N.   Third Generation TMS 320 User's Guide.
                            Texas Instruments, 1989.

/82/ Bergmann, H.:   Ein schnell konvergierendes Displacement-Schätzverfahren
                            für die Interpolation von Fernsehbildsequenzen.
                            Dissertation Universität Hannover, 1984.

/83/ Li, Y.-S.;   Subpixel Edge Detection and Estimation with a
     Young, T. Y.;   Microprocessor-Controlled Line Scan Camera.
     Magerl, J. A.:   IEEE Transactions on Industiral Electronics 35 (1988) H. 1,
                            S. 105 - 112.

/84/ Schmid, D.;   Sensorunterstützte Bahnprogrammierung beim Laser-
     Silcher, K.;   schweißen mit Roboter.
     Michalak, E.:   Robotersysteme 8 (1992), S. 21 - 24.

/85/ Heller, J.:   Struktur der Bewegungssteuerung im Hinblick auf Teach-in-
                            Programmierung und parametrierbare On-line-
                            Bewegungskorrektur auf Basis der diskreten Referenzierung.
                            Studie für die Fa. Siemens. ISW, Universität Stuttgart, 1990.

/86/ Seitz, K.-G.   Lasergestützte Triangulationsmessverfahren für Produktions-
                            und Montageanwendungen..
                            Dissertation Universität Stuttgart, 1990.

/87/ Möhrke, G.:   Mehrdimensionale Geometrieerfassung mit
                            optoelektronischen Triangulationssensoren - Verfahren,
                            Meßunsicherheit, Anwendungsbeispiele-.
                            Dissertation RWTH Aachen, 1991.

Anhang

Interpolationsfehler der bilinearen Interpolation

Nachfolgend werden die Interpolationsfehler abgeleitet, die sich bei der Anwendung der bilinearen Interpolation (6.4) zur Approximation der analytischen Transformation (4.1) ergeben. Da z_s in Gl. (4.1) unabhängig von x_{CCD} ist, geht die bilineare Interpolation für diese Koordinate in eine lineare Interpolation über. Der maximale Interpolationsfehler F_{zmax} zwischen zwei Kalibrierpunkten ergibt sich somit aus einer Extremwertanalyse der Abweichung zwischen der Transformation nach Gl (4.1) und einer Linearinterpolation (Bild A.1):

$$F_z(y_{CCD}) = \left[z_{s1} + (y_{CCD} - y_{CCD1}) \frac{z_{s2} - z_{s1}}{d_y} \right] - c_1 \frac{y_{CCD}}{c_2 - y_{CCD}} - \qquad (A.1)$$

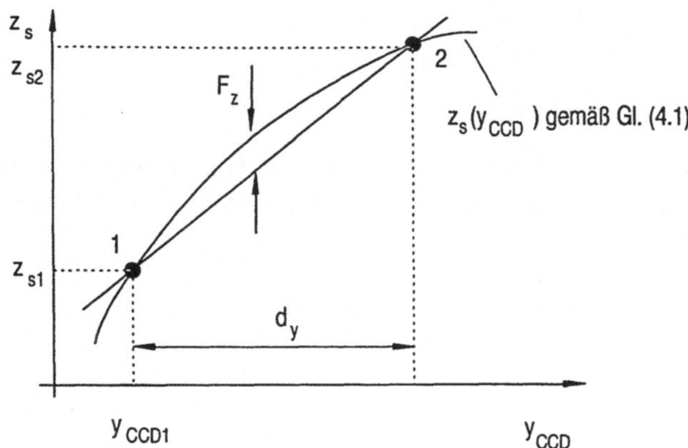

Bild A.1: Skizze zu Gl. (A.1)

Die Position des maximalen Interpolationsfehlers ergibt sich aus der Forderung

$$\frac{dF_z}{dy_{CCD}} = 0$$

welche für

$$y_{CCD} = +c_2 - \sqrt{\frac{c_1\, c_2\, d_y}{z_{s2} - z_{s1}}} \tag{A.2}$$

erfüllt ist. Gl. (A.2) in (A.1) eingesetzt ergibt:

$$F_{zipo} = c_1 - z_{s1} + \frac{z_{s2} - z_{s1}}{d_y}\left[c_2 - y_1 - 2\sqrt{\frac{c_1\, c_2\, d_y}{z_{s2} - z_{s1}}}\, \right] \tag{A.3}$$

Mit

$$z_{s1} = \frac{c_1\, y_{CCD1}}{c_2 - y_{CCD2}} \qquad \text{und} \qquad z_{s2} = \frac{c_1\, (y_{CCD1} + d_y)}{c_2 - y_{CCD1} - d_y} \tag{A.4}$$

erhält man:

$$F_{zipo} = \frac{c_1\, c_2}{c_2 - y_{CCD1}}\left[1 - \frac{1}{\sqrt{\dfrac{-d_y}{c_2 - y_{CCD1}} + 1}} \right]^2 \tag{A.5}$$

Zur Ermittlung der Kamerakoordinate, bei der F_{zipo} maximal wird, ist eine weitere Extremwertanalyse erforderlich. Hierzu wird Gl. (A.5) in die Teilfunktionen

$$g_1(\alpha) = (1 - \frac{1}{\sqrt{\alpha}}) \qquad \text{mit } \alpha = \frac{-d_y}{c_2 - y_{CCD1}} + 1 \tag{A.6}$$

und

$$g_2(y_{CCD1}) = \frac{c_1\, c_2}{c_2 - y_{CCD1}} \tag{A.7}$$

zerlegt. Die Ableitung von $g_1(\alpha)$ lautet:

$$\frac{dg_1}{d\alpha} = \frac{\sqrt{\alpha} - 1}{\alpha^2} \tag{A.8}$$

Aus Gl. (A.8) folgt wegen $c_2 > y_{CCD1}$ und $d_y > 0$, d. h. $\alpha < 1$, daß $g_1(\alpha)$ monoton fallend bzw. als Funktion von y_{CCD1} monoton steigend ist. Da auch $g_2(y_{CCD1})$ monoton steigend ist und g_1 und g_2 keinen Vorzeichenwechsel aufweisen, ist auch F_{zipo} nach Gl. (A.5) monoton steigend. F_{zipo} ist somit für $y_{CCD1} = y_{CCDmax}$ maximal, woraus aus Gl. (A.5) Gl. (5.6) folgt.

Die bilineare Interpolation liefert für einen Punkt (x_p, y_p) im Kamerakoordinatensystem (s. Bild 6.7) die Sensorkoordinate

$$x_{sp} = (1-\xi_p)(1-\eta_p)\, x_s(i,j) \quad + \quad \xi_p(1-\eta_p)\, x_s(i+1,j) \quad + \tag{A.9}$$

$$(1-\xi_p)\eta_p\, x_s(i,j+1) \quad + \quad \xi_p\, \eta_p\, x_s(i+1,j+1)$$

Die Modelltransformation (4.1) liefert für (x_p, y_p)

$$x_{sp,M} = c_2\, c_3 \frac{x_p}{c_2 - y_p} \tag{A.10}$$

Die Kalibrierpunkte $x_s(i,j)$ ... lassen sich mit Gl. (4.1) ausdrücken, wobei (x_{CCD1}, y_{CCD1}) die Kamerakoordinaten des Kalibrierpunktes $x_s(i,j)$ darstellen:

$$x_s(i,j) = c_2\, c_3 \frac{x_{CCD1}}{c_2 - y_{CCD1}}$$

$$x_s(i+1,j) = c_2\, c_3 \frac{x_{CCD1} + d_x}{c_2 - y_{CCD1}}$$

$$x_s(i,j+1) = c_2\, c_3 \frac{x_{CCD1}}{c_2 - y_{CCD1} - d_y}$$

$$x_s(i+1,j+1) = c_2\, c_3 \frac{x_{CCD1} + d_x}{c_2 - y_{CCD1} - d_y} \tag{A.11}$$

Mit (A.9), (A.10) und (A.11) ergibt sich der Interpolationsfehler

$$F_{xipo} = x_{sp,M} - x_{sp} \tag{A.12}$$

nach einigen Umformungen zu

$$F_{xipo} = \left[\frac{x_p}{c_2 - y_p} - \frac{x_p(-2y_{CCD1} + c_2 - d_y + y_p)}{(c_2 - y_{CCD1})(c_2 - y_{CCD1} - d_y)} \right] c_2\, c_3 \qquad (A.13)$$

Mit

$$y_p = y_{CCD1} + \eta\, d_y \qquad (A.14)$$

erhält man:

$$F_{xipo} = \frac{c_2\, c_3\, x_{CCD1}\, \eta(1-\eta)\, d_y^2}{(c_2 - y_{CCD1})(c_2 - y_{CCD1} - d_y)(c_2 - y_{CCD1} - \eta\, d_y)} \qquad (A.15)$$

Eine Diskussion von Gl. (A.15) führt zu folgenden Aussagen:

1. F_{xipo} ist proportional zu x_{CCD1} und damit maximal an der betragsmäßig größten x_{CCD}-Koordinate. (Bei zentrischer Lage des Koordinatenursprungs in der Bildebene ist $-x_{CCDmin} = -x_{CCDmax}$)

2. Die Koordinate y_{CCD1} steht in Gl. (A.15) im Nenner. F_{xipo} wird für den größtmöglichen positiven Wert von y_{CCD1} maximal wird.

3. Da -in praktischen Realisierungen $y_{CCDmax} + c_2 \gg \eta\, d_y$ ist, wird F_{xipo} für $\eta = 0,5$ maximal.

Hieraus folgt aus Gl. (6.5):

$$F_{xmax} = \frac{c_2\, c_3\, x_{CCDmax}\, d_y^2}{4(c_2 - y_{CCDmax})(c_2 - y_{CCDmax} - d_y)(c_2 - y_{CCDmax} - 0,5d_y)}$$

ISW Forschung und Praxis

Berichte aus dem Institut für Steuerungstechnik der Werkzeugmaschinen und Fertigungseinrichtungen der Universität Stuttgart

Herausgegeben bis Band 57 von Prof. Dr.-Ing. G. Stute †
ab Band 58 Prof. Dr.-Ing. G. Pritschow

25 O. Klingler, Steuerung spanender Werkzeugmaschinen mit Hilfe von Grenzregel-
einrichtungen (ACC), 124 S., 1979

26 L. Schenke, Auslegung einer technologisch-geometrischen Grenzregelung
für die Fräsbearbeitung, 113 S., 1979

27 H. Wörn, Numerische Steuersysteme-Aufbau und Schnittstellen eines Mehrprozessorsteuersystems, 141 S., 1979

28 P. B. Osofisan, Verbesserung des Datenflusses beim fünfachsigen NC-Fräsen,
104 S., 1979

29 J. Berner, Verknüpfung fertigungstechnischer NC-Programmiersysteme, 101 S., 1979

30 K.-H. Böbel, Rechnerunterstützte Auslegung von Vorschubantrieben, 113 S., 1979

31 W. Dreher, NC-gerechte Beschreibung von Werkstücken in fertigungstechnisch
orientierten Programmiersystemen, 105 S., 1980

32 R. Schurr, Rechnerunterstützte Projektsteuerung hydrostatischer Anlagen, 115 S., 1981

33 W. Sielaff, Fünfachsiges NC-Umfangfräsen verwundener Regelflächen. Beitrag
zur Technologie und Teileprogrammierung, 97 S., 1981

34 J. Hesselbach, Digitale Lageregelung an numerisch gesteuerten Fertigungseinrichtungen, 111 S., 1981

35 P. Fischer, Rechnerunterstützte Erstellung von Schaltplänen am Beispiel der
automatischen Hydraulikplanzeichnung, 111 S., 1981

36 U. Ackermann, Rechnerunterstützte Auswahl elektrischer Antriebe für
spanende Werkzeugmaschinen, 118 S., 1981

37 W. Döttling, Flexible Fertigungssysteme – Steuerung und Überwachung des
Fertigungsablaufs, 105 S., 1981

38 J. Firnau, Flexible Fertigungssysteme – Entwicklung und Erprobung eines
zentralen Steuersystems, 112 S., 1982

39 A. Herrscher, Flexible Fertigungssysteme – Entwurf und Realisierung
prozeßnaher Steuerungsfunktionen, 103 S., 1982

40 U. Spieth, Numerische Steuersysteme – Hardwareaufbau und Ablaufsteuerung
eines Mehrprozessorsteuersystems, 115 S., 1982

41 A. Schimmele, Rechnerunterstützter Entwurf von Funktionssteuerungen für
Fertigungseinrichtungen, 106 S., 1982

42 M. Sanzenbacher, NC-gerechte Beschreibung von Werkstücken mit gekrümmten
Flächen, 105 S., 1982

43 W. Walter, Interaktive NC-Programmierung von Werkstücken mit gekrümmten
Flächen, 112 S., 1982

44 J. Huan, Bahnregelung zur Bahnerzeugung an numerisch gesteuerten
Werkzeugmaschinen, 95 S., 1982

45 H. Erne, Taktile Sensorführung für Handhabungseinrichtungen – Systematik und
Auslegung der Steuerungen, 111 S., 1982

46 D. Plasch, Numerische Steuersysteme – Standardisierte Softwareschnittstellen in
Mehrprozessor-Steuersystemen, 112 S., 1983

47 Z. L. Wang, NC-Programmierung – Maschinennaher Einsatz von fertigungstechnisch
orientierten Programmiersystemen, 103 S., 1983

48 J. Schwager, Diagnose steuerungsexterner Fehler an Fertigungseinrichtungen,
121 S., 1983

49 P. Klemm, Strukturierung von flexiblen Bediensystemen für numerische
Steuerungen, 113 S., 1984

50 W. Runge, Simulation des dynamischen Verhaltens elektrohydraulischer Schaltungen – Einsatz von geräteorientierten, universellen Simulationsbausteinen, 132 S., 1984

51 H. Steinhilber, Planung und Realisierung von Werkzeugversorgungssystemen für die NC-Bearbeitung, 126 S., 1984

52 R. Ohnheiser, Integrierte Erstellung numerischer Steuerdaten für flexible Fertigungssysteme, 115 S., 1984

53 M. Keppeler, Führungsgrößenerzeugung für numerisch bahngesteuerte Industrieroboter, 125 S., 1984

54 P. Kohler, Automatisiertes Messen mit NC-Werkzeugmaschinen, 129 S., 1985

55 K.-H. Rieger, Rechnerunterstützte Projektierung der Hardware und Software von Speicherprogrammierten Steuerungen, 123 S., 1985

56 G. Vogt, Digitale Regelung von Asynchronmotoren für numerisch gesteuerte Fertigungseinrichtungen, 126 S., 1985

57 S. Chmielnicki, Flexible Fertigungssysteme – Simulation der Prozesse als Hilfsmittel zur Planung und zum Test von Steuerprogrammen, 120 S., 1985

58 W. Renn, Struktur und Aufbau prozeßnaher Steuergeräte zur Verkettung in flexiblen Fertigungssystemen, 137 S., 1986

59 K. Harig, Quantisierung im Lageregelkreis numerisch gesteuerter Fertigungseinrichtungen, 113 S., 1986

60 H. Frank, Programmier- und Überwachungsfunktionen für teileartbezogene NC-Werkzeugmaschinen, 115 S., 1986

61 H. Möller, Integrierte Überwachungs- und Diagnose-Systeme für numerische Steuerungen, 131 S., 1986

62 H. Fink, Einsatz speicherprogrammierbarer Steuerungen in der Fertigungstechnik, 126 S., 1986

63 J. Fleckenstein, Zustandsgraphen für SPS – Grafikunterstützte Programmierung und steuerungsunabhängige Darstellung, 139 S., 1987

64 E. Wagner, Steuerungen von Koordinatenmeßgeräten mit schaltenden und messenden Tastsystemen, 133 S., 1987

65 W. Grimm, Diagnosesystem für steuerungsperiphere Fehler an Fertigungseinrichtungen, 143 S., 1987

66 W. Swoboda, Digitale Lageregelung für Maschinen mit schwach gedämpften schwingungsfähigen Bewegungsachsen, 141 S., 1987

67 G. Gruhler, Sensorgeführte Programmierung bahngesteuerter Industrieroboter, 119 S., 1987

68 B. Walker, Konfigurierbarer Funktionsblock Geometriedatenverarbeitung für numerische Steuerungen, 125 S., 1987

69 J. Mayer, Werkzeugorganisation für flexible Fertigungszellen und -systeme, 126 S., 1988

70 R. Lederer, Programmierung von NC-Drehmaschinen mit mehreren Werkzeugschlitten, 120 S., 1988

71 G. Häberle, NC-Musterprogrammierung für die rechnerintegrierte Textilfertigung, 127 S., 1988

72 D. Pfeiffer, Kompensation thermisch bedingter Bearbeitungsfehler durch prozeßnahe Qualitätsregelung, 135 S., 1988

73 W. Schmidt, Grafikunterstütztes Simulationssystem für komplexe Bearbeitungsvorgänge in numerischen Steuerungen, 141 S., 1988

74 M. Egner, Hochdynamische Lageregelung mit elektrohydraulischen Antrieben, 147 S., 1988

75   W. Schittenhelm, Konfigurierbares Bedienungssystem für Steuerungen an Fertigungseinrichtungen, 136 S., 1988

76   D. Scheifele, Grafisch dynamische Simulation des Bearbeitungsvorgangs für Doppelschlittendrehmaschinen, 121 S., 1988

77   G. Keuper, Automatisierte Identifikation der Streckenparameter servohydraulischer Vorschubantriebe, 152 S., 1989

78   K.-H. Kayser, Kollisionserkennung in numerischen Steuerungen mit der Distanzfeldmethode, 131 S., 1989

79   R. Viefhaus, Fräsergeometriekorrektur in Numerischen Steuerungen, 157 S., 1989

80   J. Zirbs, Fertigungsgerechte Aufbereitung von Flächenverbänden bei der NC-Programmierung im Formenbau, 130 S., 1989

81   W. Ruoff, Optische Sensorsysteme zur On-line-Führung von Industrierobotern, 123 S., 1989

82   M. Jantzer, Bahnverhalten und Regelung fahrerloser Transportsysteme ohne Spurbindung, 131 S., 1990

83   H. Schumacher, Einheitliche Programmierung von Automatisierungskomponenten roboterbestückter Bearbeitungs- und Montagezellen, 116 S., 1991

84   J. Schimonyi, NC-Programmierung für das Werkzeugschleifen, 122 S., 1991

85   K.-H. Wurst, Flexible Robotersysteme – Konzeption und Realisierung modularer Roboterkomponenten, 164 S., 1991

86   R. Hagl, Erhöhung der Verfügbarkeit von Vorschubantrieben mit selbstanpassender Lageregelung, 126 S., 1991

87   G. Krebser, Betriebssystem für NC mit einheitlichen Schnittstellen, 130 S., 1992

88   W.-T. Lei, Flächenorientierte Steuerdatenaufbereitung für das fünfachsige Fräsen, 134 S., 1992

89   G. Diehl, Steuerungsperipheres Diagnosesystem für Fertigungseinrichtungen auf Basis überwachungsgerechter Komponenten, 140 S., 1992

90   U. Nepustil, Offene NC-Schnittstellen zur Korrektur von Fertigungsfehlern, 133 S., 1992

91   M. Bauder, Konfigurierbare Robotersteuerung mit allgemeiner Transformation, 120 S., 199

92   W. Philipp, Regelung mechanisch steifer Direktantriebe für Werkzeugmaschinen, 118 S., 1992

93   G. M. Härdtner, Wissensstrukturierung in Diagnoseexpertensystemen für Fertigungseinrichtungen, 135 S., 1992

94   H. Wiedmann, Objektorientierte Wissensrepräsentation für die modellbasierte Diagnose ar Fertigungseinrichtungen, 151 S., 1993

95   H. Rudloff, Hochgenaue Konturerzeugung bei Bewegungsachsen mit einer dominanten mechanischen Resonanzstelle, 151 S., 1993

96   K. Brantner, Adaptierbares Leitsteuerungssystem für flexible Produktionssysteme, 142 S., 1993

97   W. Kugler, Kommunikationsmechanismen für offene Numerische Steuerungssysteme, 136 S., 1994

98   B. Schnurr, Elektrodynamisches Antriebssystem zur Unrundbearbeitung 175 S., 1994

99   J. Schneider, Fehlerreaktion mit Speicherprogrammierbaren Steuerungen – ein Beitrag zur Fehlertoleranz, 117 S., 1994

100   U. Siewert, Systematische Erstellung adaptierbarer Leitsteuerungssoftware am Beispiel der Durchsetzungsplanung, 155 S., 1994

101 G. F. J. Heger, Maschinenferner Qualitätsregelkreis in flexiblen Fertigungssystemen, 134 S., 1994

102 W. Hofmeister, Objektorientiert strukturiertes Programmiersystem für NC-Mehrschlittenmaschinen, 113 S., 1994

103 A. Horn, Optische Sensorik zur Bahnführung von Industrierobotern mit hohen Bahngeschwindigkeiten, 132 S., 1994